农家摇钱树·家畜

家庭养猪一本通

何庆华◎编著

SPM
南方出版传媒
广东科技出版社
·广州·

图书在版编目（CIP）数据

家庭养猪一本通/何庆华编著. —广州：广东科技出版社，2015.5（2021.2重印）

（农家摇钱树. 家畜）

ISBN 978-7-5359-6091-7

Ⅰ. ①家… Ⅱ. ①何… Ⅲ. ①养猪学 Ⅳ. ① S828

中国版本图书馆 CIP 数据核字（2015）第 054237 号

家庭养猪一本通
Jiating Yangzhu Yibentong

出 版 人：	朱文清
责任编辑：	区燕宜
封面设计：	柳国雄
责任校对：	谭　曦
责任印制：	彭海波
出版发行：	广东科技出版社
	（广州市环市东路水荫路 11 号　邮政编码：510075）
销售热线：	020-37592148 / 37607413
http:	//www.gdstp.com.cn
E-mail:	gdkjcbszhb@nfcb.com.cn
经　　销：	广东新华发行集团股份有限公司
印　　刷：	广东新华印刷有限公司
	（广东省佛山市南海区盐步河东中心路 23 号　邮政编码：528247）
规　　格：	850mm×1 168mm　1/32　印张 5　字数 140 千
版　　次：	2015 年 5 月第 1 版
	2021 年 2 月第 8 次印刷
定　　价：	15.00 元

如发现因印装质量问题影响阅读，请与承印厂联系调换。

作者简介

何庆华，男，33岁，博士。2005年毕业于华中农业大学畜牧兽医学院，获兽医学学士和硕士学位，2008年毕业于中国科学院亚热带农业生态研究所，获动物营养学博士学位。2008—2009年，担任江西正邦集团养殖总公司营养总监，主要负责下属祖代、父母代、商品猪场以及公司+农户的饲料配方与饲养模式的制定和管理。2010—2011年，在赢创德固赛（中国）投资有限公司饲料添加剂部从事技术服务工作。2012年进入深圳大学任教。参加编写《现代仔猪营养学》《猪的氨基酸营养》和《2012年NRC猪的营养需要量标准》，并在 Amino Acids、Animal 和《天然产物研究与开发》等杂志上发表文章40余篇。

内容简介
Neirongjianjie

"家庭农场"概念的出现,鼓励和支持承包土地向专业大户、家庭农场、农民合作社流转,发展多种形式的适度规模经营。本书主要针对家庭养猪的技术需求而编写,系统介绍了猪场场址选择、引养良种、合理配料、饲养管理、猪只疾病防治、猪场用电安全等知识。书中内容可操行性强,为读者提供了从技术到管理、从理论到实践的猪场生产经营管理的知识体系。

目 录
Mulu

第一章 猪场选址与猪舍建筑 …………………………… 1
    一、猪场选址原则 ………………………………… 2
    二、猪场的总体规划 ……………………………… 3
    三、猪舍建筑设计 ………………………………… 8

第二章 优良猪种简介 …………………………………… 13
    一、国外引进良种 ………………………………… 14
    二、我国近年育成的新品种（品系）…………… 18
    三、我国优良的地方品种 ………………………… 21
    四、商品猪杂交生产 ……………………………… 22
    五、引种方式和杂交利用 ………………………… 22
    六、PIC 商品猪配套简介 ………………………… 23
    七、家庭猪场的引种方案 ………………………… 24

第三章 猪的营养与饲料配制 …………………………… 29
    一、猪的营养需要 ………………………………… 30
    二、饲料配制原则 ………………………………… 48
    三、原料选择 ……………………………………… 49
    四、饲料加工 ……………………………………… 59

第四章 猪场生产管理 ... 61
一、猪场的岗位职责 ... 62
二、猪场的管理制度 ... 67

第五章 猪的饲养管理 ... 77
一、种公猪的饲养管理 ... 78
二、种母猪的饲养管理 ... 79
三、仔猪的饲养管理 ... 83
四、生长育肥猪的饲养管理 ... 86
五、后备种猪的饲养管理 ... 87
六、猪的配种技术 ... 88
七、猪的人工授精技术 ... 98

第六章 猪的常见疾病防治 ... 105
一、疫病防制的主要原则及措施 ... 106
二、猪常见的病毒性疾病 ... 109
三、猪常见的细菌性疾病 ... 128
四、猪常见的寄生虫病 ... 144
五、猪常见的营养代谢病与中毒病 ... 145

第七章 猪场安全用电 ... 149
一、室外布线 ... 150
二、室内布线及设备安装 ... 150
三、水电设备的使用 ... 151
四、发电机组的使用 ... 153
五、电器设备的检修 ... 154

第一章　猪场选址与猪舍建筑

一、猪场选址原则

场址选择是猪场建设的第一步，是决定猪场今后能否取得良好效益的基础，它一经确定就不可更改。所以，在选址时要周密计划、充分酝酿、实地勘察、反复评估。场址选择要考虑以下几个方面：

（一）防疫（生物安全）

防疫是猪场场址选择时需要考虑的首要因素。在交通、电力等基础设施条件允许的情况下，猪场应尽可能建在相对偏僻的地方，最好四周有天然隔离屏障（如河流、湖泊、山川等）。一般要求猪场坐落在周边集镇或居民区的下风方向，离居民区3千米以上；远离交通要道，距公路主干道1千米以上；距肉联厂、屠宰场3千米以上，距其他畜牧场2千米以上。猪场应避开当地居民必经要道，能够在猪场四周建立围墙、防疫沟、绿化隔离带等完整的防疫设施。

在考虑防疫条件时不仅要想到目前的情况，还要预见到今后周边环境的变化可能对猪场造成的影响。因此，猪场选址应符合当地政府制订的产业发展规划，也应注意到猪场所在地有无国土、交通等部门规划中的重大建设项目。

（二）环境保护

在考虑环保条件时，既要考虑到新办猪场对周边村镇、河流、农田、大气等的影响，还要考虑到当地环境的承载能力和自身的处理能力，同时还要考虑到周边的污染源可能对猪群健康和猪肉产品安全造成的影响。避免在生活饮用水源保护区、风景名胜区、自然保护区建设猪场，避免在有潜在大气或地下水污染源的工厂3千米内建设猪场，避免在有噪声污染的飞机场附近建设猪场。充分利用荒山、荒坡、滩涂、果林等闲散土地资源，尽量避免砍伐林木和破坏植被。可与果蔬种植、水产养殖等结合，建立以沼气为纽带的养殖—沼气—种植相结合的循环农业发展模式。

（三）地形地势

猪场场址要求地形整齐、开阔，并有足够的面积，以便于充分利用场地和合理布置，减少施工前清理场地的工作量。还要求地势高燥、平坦，背风向阳，最好有一定的坡度（不得大于25°）。地势低洼的场地容易积水，地面潮湿泥泞，对养猪不利。土壤应土质坚实，通透性好，最好选择在兼有沙土和黏土优点的沙壤土上建猪场。还要求通风良好，切忌把猪场建在山窝里。

（四）水电

猪场必须有充足、干净的水源，水质符合生活饮用水标准，且要取用方便、成本低，还要便于卫生防护、净化和消毒。大多数猪场没有接通城镇自来水的条件，故水源可以是地下水、水库水，也可以是山塘水、山泉水，其中比较理想的是地下水。无论是哪种水源，都应该取样送权威部门对水质进行检测，不符合要求的水源绝对不能使用。除考虑水的质量外，还要考虑用水量。据测算，平均每头种猪的日耗水量为50千克。一般情况下一个百头猪场可按每天2~2.5米^{3}的用水标准设计，但在夏天每天供水量应达到3米^3。

猪场要求有充足稳定的电力，主要用于饲料加工、仔猪保暖、通风降温等。因此，应选择离供电网络近的地方建场，以保证生产正常运行，并节省电费开支。在一般情况下，一个百头猪场需要配5千伏安容量的变压器。根据情况可配备相当大小的发电机组。

（五）交通运输

猪场需要不断地运进饲料、兽药等材料，还需要不断地运出猪、粪污等产品或废弃物，所以选址时既要考虑防疫的要求，不能离公路干道太近，又要考虑运输方便，不能离公路干道太远。一般猪场建在离公路干道1~5千米的距离内比较合适。

在实际进行猪场选址时，很难找到一个什么条件都完全符合的地方，因此可初步预选几个地方，通过综合评估，最终确定一个最好的场址。

二、猪场的总体规划

在选定猪场的建设地点后，下一步便是根据场址条件和自身的财

力确定猪场的建设规模,并确定合理的生产工艺和总体布局。

(一)建设规模和投资概算

要综合考虑生产、管理和生活区的实际需要,结合多种经营和今后发展的需要,确定需要征用的土地面积。在通常情况下,猪场生产区面积一般可按繁殖母猪每头 60~80 米^2 计算,即 1 个饲养 100 头能繁母猪的生产场,自繁自养的话,需要土地面积为 6 000~8 000 米^2。当然,如果条件允许,猪场面积可考虑大一些,要充分留有余地。

猪场因设备、工艺、建筑类型、饲养品种、施工条件等不同,投资差异较大。一般来讲,以 100 头存栏母猪的猪场为例,需要投入 100 万~150 万元。在猪场正式上马之前,一定要做一个较为详细的投资概算,保证在猪场建好的同时留有足够的流动资金,做到量力而行,有多少钱办多少事。许多猪场盲目上马,最后因资金链断裂而夭折,教训十分深刻。

以 100 头存栏母猪的猪场为例,主要的投资有以下几项:

1. 公猪舍(站)的投资

以大栏(2.2 米 ×2.5 米)饲养 30 头公猪,双列设计,两个采精栏计算,猪使用面积约 300 米^2(8 米 ×37 米),实验室约 20 米^2;猪舍、围栏、舍内水电和水帘降温设备等约需 15 万元,实验室仪器设备、用具等约 3 万元,合计约 18 万元。

2. 空怀及配种怀孕舍的投资

(1)基建费:舍内面积约 430 米^2,每平方米基建费约 300 元,约需 12.9 万元。

(2)公猪栏:4 个,约 0.5 万元。

(3)母猪单体限位栏:70 个,约 2.1 万元。

(4)空怀母猪、后备母猪栏:4 个,约 0.6 万元。

(5)母猪怀孕后期栏:16 个,约 1.3 万元。

(6)喂料设备:料车 1 台,料铲 1 个,约 0.08 万元。

(7)清洗设备:高压冲洗车 1 台,斗车 1 台,粪铲 1 个,约 0.4 万元。

（8）降温设备：水帘降温设备1套，约1万元。

（9）供水、供电设施：1套，约0.5万元。

以上合计约19.38万元。

3. 分娩舍的投资

（1）基建费：面积约310米^2（包括外置走廊），每平方米基建费约300元，需9.3万元。

（2）分娩母猪栏：24个，包括全漏缝栏面、母猪限位栏、围栏片、保温箱、母猪食箱、仔猪补料槽、饮水器等，约7.9万元。

（3）降温设施：正压水帘风机2台，每台供12个分娩栏降温，约2万元。

（4）保温设施：红外线保温灯24个，0.1万元。

（5）清洗设施：高压冲洗机1台，斗车1台，粪铲1个，约0.4万元。

（6）饲喂设施：料车1台，料铲1个，约0.08万元。

（7）供水、供电设施：1套，约0.5万元。

以上合计20.28万元。

4. 保育舍的投资

（1）基建费：保育舍面积约220米^2（包括外置走廊），每平方米基建费约300元，需6.6万元。

（2）仔猪保育栏：14个，包括全漏缝栏面、围栏片、仔猪食箱、饮水器等，约需5.6万元。

（3）降温及换气设施：抽风机7台，约需0.56万元。

（4）保温设施：保温垫板、保温灯14个，约需0.35万元。

（5）清洗设施：高压冲洗机1台，斗车1台，粪铲1个，约需0.4万元。

（6）饲喂设施：料车1台，料铲1个，约需0.08万元。

（7）饮水加药设施：水池或水桶7个，约需0.14万元。

（8）供水、供电设施：1套，约需0.5万元。

以上合计14.23万元。

5. 生长育成舍的投资

（1）基建费：舍内面积约 1 200 米^2，每平方米造价约 250 元，约需 30 万元。

（2）生长育成栏：34 个，包括围栏、栏门、食箱等，约需 8.5 万元。

（3）降温及换气设施：水帘降温设施 2 套，约需 2 万元。

（4）清洗设施：高压冲洗机 1 台，斗车 1 台，粪铲 1 个，约需 0.4 万元。

（5）饲喂设施：料车 1 台，料铲 1 个，约需 0.08 万元。

（6）供水、供电设施：1 套，约需 1 万元。

以上合计 41.98 万元。

6. 隔离舍的投资

（1）基建费：隔离舍面积约 60 米^2，每平方米造价约 250 元，约需 1.5 万元。

（2）隔离栏：3 个，包括围栏、栏门、食箱等，约需 0.75 万元。

（3）降温及换气设施：1 套，约需 0.15 万元。

（4）清洗设施：斗车 1 台，粪铲 1 个，约需 0.03 万元。

（5）饲喂设施：料车 1 台，料铲 1 个，约需 0.08 万元。

（6）供水、供电设施：1 套，约需 0.1 万元。

以上合计 2.61 万元。

7. 种猪投资

新建一个 100 头母猪的猪场，需要引进杜洛克公猪 2 头（人工授精）或 4 头（本交）、长大或大长二元杂交母猪 100 头，以杜洛克公猪 5 000 元/头、二元杂交母猪 1 800 元/头计，需要投入引种费 19 万~20 万元。

8. 配套设施的投资

猪场除了栏舍以外，还需要建设选猪间、出猪台、饲料仓库、办公生活设施、水电设施等，配套设施的投资合计约需 30 万元。

（二）猪场布局

在选定的场地上进行分区规划和确定各区建筑物的合理布局，是建立良好的猪场环境和组织高效率生产的基础工作和可靠保证。因此，必须根据有利于防疫、方便饲养管理、改善场区小气候、节约用地等原则，综合考虑布局。

猪场通常分4个功能区，即生产区、生产管理区、隔离区、生活区。在进行分区规划时，应首先从人、畜保健角度出发，便于防疫和安全生产，合理安排各区位置。

1. 生产区

生产区是猪场的最主要区域，包括各类猪舍、道路和生产设施。为了做好防疫工作，各猪舍由料库内门领料，用场内小车运送。在靠围墙处设装猪台，出售猪只时由装猪台装车，避免外来车辆和人员直接进场。

2. 生产管理区

生产管理区也叫生产辅助区，包括行政办公室、后勤水电供应设施、车库、饲料加工调配车间及储存库、卫生消毒池等。该区与日常饲养工作关系密切，距离生产区不宜远。饲料库应靠近进场道路处，以便场外运料车辆不需进入生产区而方便卸料入库。消毒、更衣、洗澡间应设在场大门的一侧。

3. 隔离区

隔离区包括兽医室和隔离猪舍、尸体剖检和处理设施、粪便处理及储存设施等。为防止病原传播，该区应设在整个猪场的下风与地势低洼处，病畜隔离舍要尽可能与外界隔绝，在四周还应有天然或人工的隔离屏障。对该区污水和废弃物要严格控制，以免污染周围环境。

4. 生活区

猪场生活区要求单独设立，该区包括文化娱乐室、职工宿舍、食堂等。为保证良好的卫生条件，避免生产区臭气、尘埃和污水的污染，该区应设在猪场的上风和地势较高处，并与猪舍隔离开来。

三、猪舍建筑设计

（一）猪舍朝向

猪舍的朝向要根据当地的主导风向和日照情况来确定。一般要求猪舍在夏季接受强烈太阳照射少，舍内通风量大而均匀；冬季有利更多阳光照入舍内，冷风渗透少。猪舍一般以向南或南偏东、南偏西45°内为宜。

（二）猪舍建筑

猪舍建筑类型应根据当地气候环境因素来决定。无论使用哪一种建筑类型，都要充分考虑到猪舍通风、干燥、卫生、冬暖夏凉的要求。

1. 猪舍内小气候环境及其调控

（1）温度。温度是猪舍内小气候环境最重要的因素之一，不同类型、不同阶段的猪对温度的要求不一样，昼夜间、季节间温差较大，因此有时需要保温，有时需要降温。总的来讲，小猪怕冷，大猪怕热。小猪刚出生时的适宜温度是32~35℃，以后逐步下降，至断奶时适宜温度为22~25℃；保育仔猪适宜的温度为20~22℃；生长育肥猪的适宜温度是18~22℃；成年种猪的适宜温度为16~19℃。

按照上述温度要求，保温的重点是仔猪，特别是在冬天寒冷季节更要做好防寒保暖工作。产仔舍和保育舍宜采用全封闭型猪舍，以尽量提高室内温度，除此以外，还要采取局部保温措施。局部保温措施有设置保温箱，保温箱内安装保温板或保温灯，箱底垫上导热性能差的麻布袋、地毯等。是否采取局部保温措施和采取什么样的措施要看舍内温度的高低，也可以观察仔猪是否打堆。

南方地区夏季气温高，生长育肥猪和种猪都要采取降温措施。降温措施有采用制冷设备降温、水降温和风降温3种。采用制冷设备降温比较昂贵，一般情况下不采用，但公猪舍和分娩舍可考虑安装湿帘降温系统或空调冷风系统，特别是用于人工授精的公猪应重点照顾。怀孕舍采用喷雾降温较好，也可以采用淋水降温。保育舍降温宜用电风扇，不宜淋过多的水。生长育成舍降温可结合淋水和电风扇。同时，可在饲料中添加一些抗热应激的添加剂或中草药，有利于猪群防暑降温。

（2）湿度。猪群最适宜的相对湿度为45%~75%，湿度过大造成微生物滋生，猪容易生病。常用的防潮湿的措施有：采用漏缝地板、高床饲养，如分娩舍、保育舍；尽量少冲水；养猪地面采用2%~3%的坡度，防止积水；采用自动饮水器。

（3）通风。加强猪舍内通风的目的在于散发舍内产生的热量，排出舍内污浊的空气，引进舍外的新鲜空气。通风的重要性常常被人们所忽视，但长期的养猪实践已经证明通风对于养好猪是相当重要的，特别是对于呼吸道疾病的预防很有帮助。加强通风的措施有：在自然通风猪舍设置地脚窗、大窗、通风屋脊等；使进气口均匀布置，使各处均能享受到凉爽的气流；减小猪舍跨度，使舍内易形成穿堂风。在自然通风不足的情况下，应增设机械通风，最好是负压通风。

（4）光照。光照不仅影响猪的健康和生产力，而且也影响管理人员的工作条件。猪舍的光照一般以自然光照为主，只要猪舍建设符合要求，不需要额外增加光照。

（5）有害气体。猪舍内产生的有害气体主要有二氧化碳、氨气、硫化氢等，对猪呼吸道的黏膜有刺激作用，如果浓度过高，会诱发猪的呼吸道疾病或使猪的呼吸道疾病症状加重。因此减少猪舍内有害气体的产生也应引起重视。

值得注意的是，以上5个小气候环境因素之间是相互关联的，如冬季保温会增加有害气体的产生、增加通风会降低舍内温度、淋水降温会增加湿度等。很多时候需要平衡各种因素，抓住主要矛盾。

2. 猪舍卫生环境及其改善

猪舍内的卫生环境既影响到猪的生长发育，也关系到养猪工人的工作条件。影响舍内卫生环境的因素主要有粪尿、污水、苍蝇等。猪每天排出的粪尿量很大，而且日常管理所产生的污水也很多。因此，合理设置排污系统，及时清除粪尿污水，是防止舍内潮湿、保持良好的空气卫生状况、保证猪群健康的重要措施。

猪舍的排污方式一般有两种：一种是粪便和污水分别清除，一般多为人工清除固形的鲜粪便，污水（含尿液）则通过排污管道排出至舍外污水池。对排粪量大且容易清除的大猪粪便（如种猪和生长育肥猪）要求尽量及时清除，否则会使得粪便和污水混合而难于清除，或造成排污管道的阻塞。另一种是粪便和污水同时清除，多数用高压水枪冲洗清除，也有少数用机械清除。这种方式比较省人工，但产生的污水量大，用水用电较多，对设备的要求较高。中小型养猪场宜采用先人工捡粪，再用水冲洗猪栏的做法。

科学合理的猪栏设计对于搞好猪舍卫生十分重要，要点如下：

（1）采用漏缝地板。漏缝地板可用钢筋水泥或金属，采用水泥漏缝时要注意有效漏缝的比例，还要注意保护猪肢蹄免受损害。

（2）宜用明沟设计，即猪舍内用明沟直接将污水排出舍外，过去那种采用自动冲水的暗沟设计用水多，且猪舍内卫生和消毒做不彻底。

（3）养猪地面采用2%~3%的坡度，防止积水。

（4）安装自动饮水器，不仅可保证饮水方便、清洁卫生，而且有利于栏舍卫生。应根据不同类型猪的要求，将饮水器置于不同的高度。

（5）合理设计和配置饲料槽既可以保证猪吃到卫生的饲料，还可减少饲料浪费，提高饲料利用率。饲料槽的槽底宜采用圆弧形，高度以各类猪能吃到饲料为准。饲料槽构造要求简单严密，便于饲喂、采食，坚固耐用，便于洗涮，容量为每次饲喂量的1~2倍。

（三）猪场环境保护

1. 死畜及粪便处理

将死畜及猪的胎盘投入病死猪无害化处理间，不得扔在蓄粪坑里，也不能与粪肥一起在大田施撒。猪粪、尿应经过无害化处理后使用。生态养猪的核心是猪粪、尿的合理处理，猪粪可以配成有机复合肥，污水则可采用厌氧发酵，生成沼气变成再生能源。

2. 猪场绿化

在猪舍四周种植高大乔木,既有利于猪舍之间的通风,又能起到遮阳的作用,有利于炎热季节降温。

3. 发展生态立体农牧业

在猪舍周边开拓种植业,可以充分消化猪场粪水或沼气渣,促进良性生态循环。

第二章　优良猪种简介

猪品种的分类可以根据用途分为脂肪型、瘦肉型和兼用型3种类型，根据猪的来源可以将猪分为引进品种、培育品种和地方品种3种类型。引进品种是我国从国外引进的品种，这些品种瘦肉率高、生长快，包括杜洛克猪、长白猪、大白猪、斯格猪、皮特兰猪、汉普夏猪、迪卡猪、PIC配套系猪等；培育品种是利用国外引进的猪种与地方品种杂交育成的品种，其特点是肉质好、适应性强，包括三江白猪、湖北白猪、军牧1号白猪、苏太猪、深农配套系猪、光明配套系猪等；地方品种是原产于我国的猪种，主要有东北民猪、太湖猪、金华猪、荣昌猪、香猪等，特点是产仔数高、耐粗饲，但生长速度慢、瘦肉率低。这里仅就目前在市场中占主导地位的猪种加以介绍。

一、国外引进良种

（一）杜洛克猪

1. 产地与分布

杜洛克猪（Duroc）于1860年在美国东北部育成，1880年建立品种标准。它的主要亲本是纽约州的杜洛克猪和新泽西州的红毛猪，故原名为杜洛克泽西，现简称杜洛克，原为脂肪型，后来改良成瘦肉型。

杜洛克猪在世界各地分布很广，首批引入我国是在1978年，从英国引入，以后陆续从美国、匈牙利、日本、丹麦和我国台湾等地较大数量地引入，目前国内主要是美系、丹系、匈系和台系。台系杜洛克猪因其体躯长、体型紧凑、收腹好、肌肉特别发达而受到一部分养殖户的欢迎。而丹系杜洛克猪生长速度快，饲料利用率高，背膘薄。

2. 体型外貌与生产性能

杜洛克猪全身被毛为棕红色，由金黄色到暗棕色都属正常，樱桃红色最受欢迎，皮肤上可能出现黑色斑点，但不允许身上有黑毛、白毛。头颈轻，耳中等大小，耳根稍立，中部下垂略向前倾。嘴筒短，颊面稍凹，体高而身较长，体躯紧凑，肌肉丰满，肢蹄结实，背略呈弓形。

杜洛克猪是现代养猪生产中使用最多和最广泛的品种之一，是公认的优秀三元杂交终端父本和配套系杂交的父系组成部分。具有生产性能良好、杂交优势强、肉质相对较好,特别是肉色较好的特点。总体上讲,杜洛克猪在繁殖性能方面的表现不如长白猪和大白猪。

3. 优缺点

杜洛克猪生长快,饲料利用率高,背膘薄,瘦肉率高,肉质优良。性情温和,体格强健,适应性强,肢蹄结实。用杜洛克作终端父本时,杂交效果良好。繁殖性能不如长白猪和大白猪,产仔数较低,泌乳性能较差。

(二)长白猪

1. 产地与分布

长白猪(Landrace)原产于丹麦,原名兰德瑞斯猪。它是在1887年用英国大白猪与丹麦本地土种猪杂交后经长期选育而成的著名瘦肉型猪种。

长白猪在世界范围内分布很广,我国自1964年始从瑞典、英国、法国、日本和丹麦等国引进多批,累计引进千余头。经过多年的驯化现已适应我国的环境条件,逐渐被我国养殖户接受和喜爱,群体规模已达数十万头。在猪的二元、三元及多元杂交配套体系中被广泛应用。

2. 体型外貌与生产性能

长白猪头清秀,嘴直,腮小,耳大向前倾,体躯特别长,呈流线形,体长与胸围比例约为10:8.5,后躯特别丰满,背腰平直,皮薄,全身被毛为白色而富有光泽,偶见尾根和眉额间有小黑点或黑斑。乳头数7~8对。1961年为丹麦全国唯一推广品种。因其体躯特别长,毛色全白,故在我国通称为长白猪。体长、毛色全白、耳向前倾是长白猪特有的外貌特征。

长白猪在我国各地都有分布,由于遗传、气候、饲养管理条件各不相同,性能表现有高有低。但总的来讲,生长性能卓越,繁殖性能突出,胴体性能优良,是性能表现比较全面的品种。

3. 优缺点

长白猪具有生长快、饲料报酬高、瘦肉率高等特点,而且母猪产仔较多,奶水充足,断奶窝重较高。于20世纪60年代引入我国后,虽然适应性有所提高,但体质较弱,对饲养条件要求较高,且肢蹄较为纤细，容易出现肢蹄疾病。

（三）大白猪

1. 产地与分布

大白猪（Large White）又称大约克夏猪，是约克夏猪的一型。约克夏猪原产于英国北部的约克郡及其邻近地区，是以当地的猪种为母本，引入我国广东猪种和莱塞斯特猪杂交育成，1852年正式确定为品种，后逐渐分化出大、中、小三型，并各自形成独立的品种。目前在全世界分布最广的是大约克夏猪，在全世界猪种中占有重要地位，是世界著名的瘦肉型猪种。

我国最早引入大约克夏猪是1936—1938年，是由原南京中央大学引进的。20世纪50年代曾少量引入，1967年以后较大数量地从英国、澳大利亚、加拿大、美国、丹麦、瑞典、法国和我国台湾等地引入多批，累计已引入上千头。经过长期的驯化，大白猪已基本适应我国的条件。

2. 体型外貌与生产性能

大白猪体格大，毛色全白，少数猪眉额间或尾根有黑色小暗斑。颜面微凹，耳中等大小直立，背腰长略呈拱形，腹线较平，四肢高大且粗壮结实，背宽，肌肉丰满。乳头数多为7对。体格大、毛色全白、耳竖立是大白猪特有的外貌特征。

大白猪性能表现同样有高有低。在国内引进的大白猪中有的用作父系，有的用作母系，各有特点。大白猪繁殖性能在瘦肉型猪中是比较好的，产仔数高，母性好，哺育性能强，断奶育成率高。

3. 优缺点

大白猪繁殖力较强，产仔数较多，生长快，饲料转化率高，背膘薄，瘦肉率高。但大白猪后备猪发情不明显，初配受胎率较低，尤以父系大白猪为甚。

（四）斯格猪

1. 产地与分布

斯格猪原产于比利时，是由比利时长白猪、英系长白猪、荷系长白猪、法系长白猪、德系长白猪及丹麦长白猪育成的。根据原产地介绍，斯格猪是同一品种的不同品系间交配所育成的品系杂优种，其父系是比利时长白猪，母系是丹麦、德国、荷兰等长白猪，商品群是用父系的公猪和母系的母猪杂交而成的。斯格猪的胴体瘦肉率高达63%~65%，是专门化品系杂优成的超瘦肉型猪。该种猪于1981年开始从比利时引入中国，经20多年风土驯化和选育，生产性能有所提高，目前我国湖北、福建、贵州、江苏、北京、广西等省区皆有饲养。

2. 体型外貌与生产性能

斯格猪的外貌特征与长白猪极为相似，毛色全白，耳长、大、前倾，头肩较轻，体躯较长，后腿和臀部肌肉十分发达，四肢比长白猪粗短，嘴筒也不像长白猪那样生长。父系种猪背呈双脊，后躯及臀部肌肉特别丰满，呈圆球状。种猪性情温顺。斯格猪生长迅速，4周龄断奶重6.5千克，6周龄体重10.8千克，10周龄体重达27千克，170~180日龄体重可达90~100千克。育肥期日增重607克。初生至上市体重100千克，饲料报酬为2.85~3.00千克。初产母猪产活仔数平均8.7头，初生体重平均1.34千克。经产母猪产仔数10.2头，仔猪成活率达90%。胴体性状极佳，屠宰率77.22%，膘厚2.3厘米，皮厚0.21厘米，后腿比例33.22%，花板油比例3.05%，瘦肉率60%以上。

3. 优缺点

斯格猪引入初期，肌肉特别发达的父系猪较易发生应激综合征，出现肌肉僵直、皮肤发绀、呼吸困难、心脏衰竭而突然死亡，经选育和风土驯化近年已有很大改善。近年，光明合营猪场改用杜洛克作终端父本，剔除了有应激基因的品系，生产杜斯商品猪，应激综合征已经被克服。

（五）皮特兰猪

1. 产地与分布

皮特兰猪原产于比利时的布拉帮特省，是由法国的贝叶杂交猪与英国的巴克夏猪进行回交，然后再与英国的大白猪杂交育成的。

2. 体型外貌与生产性能

皮特兰猪毛色呈灰白色并带有不规则的深黑色斑点，偶尔出现少量棕色毛。头部清秀，颜面平直，嘴大且直，双耳略微向前；体躯呈圆柱形，腹部平行于背部，肩部肌肉丰满，背直而宽大。体长1.5~1.6米。在较好的饲养条件下，皮特兰猪生长迅速，6月龄体重可达90~100千克。日增重750克左右，每千克增重消耗配合饲料2.5~2.6千克，屠宰率76%，瘦肉率可高达70%。皮特兰公猪一旦达到性成熟就有较强的性欲，采精调教一般一次就会成功，射精量250~300毫升，精子数每毫升达3亿个。母猪母性不亚于我国地方品种，仔猪育成率92%~98%。母猪的初情期一般在190日龄，发情周期18~21天，每胎产崽数10头左右，产活崽数9头左右。

3. 优缺点

皮特兰猪的主要特点是瘦肉率高，后躯和双肩肌肉丰满，多用做父本进行二元或三元杂交。缺点是较易发生应激综合征，出现肌肉僵直、皮肤发绀、呼吸困难、心脏衰竭而突然死亡。

二、我国近年育成的新品种（品系）

（一）湖北白猪

1. 产地与特点

湖北白猪原产于湖北，主要分布于华中地区。

2. 外形特征

湖北白猪全身被毛为全白色，头稍轻、直长，两耳前倾或稍下垂，背腰平直，中躯较长，腹小，腿臀丰满，肢蹄结实，有效乳头12个以上。

3. 生产性能

成年公猪体重250~300千克，母猪体重200~250千克。该品种具有瘦肉率高、肉质好、生长发育快、繁殖性能优良等特点。6月龄公猪体重达90千克。25~90千克阶段平均日增重0.6~0.65千克，料肉比3.5：1以下，达90千克体重为180日龄，产仔数初产母猪为

9.5~10.5 头，经产母猪 12 头以上，以湖北白猪为母本与杜洛克猪和汉普夏猪杂交均有较好的配合力，特别是与杜洛克猪杂交效果明显。杜×湖杂交种一代育肥猪 20~90 千克体重阶段，日增重 0.65~0.75 千克，杂交种优势率 10%，料肉比（3.1~3.3）：1，胴体瘦肉率 62% 以上，是开展杂交利用的优良母本。

（二）三江白猪

1. 产地与特点

三江白猪是 1973 年开始，用长白猪和民猪两个品种采用正反交、回交、横交的育种方式，到 1982 年，各项指标都达到了预期目标而命名的。三江白猪属瘦肉型品种，具有生长快、产仔较多、瘦肉率高、肉质良好和耐寒冷气候等特性。主要分布在黑龙江省东部三江平原，是生产商品猪及开展杂交利用的优良亲本。

2. 外形特征

三江白猪头轻嘴直，两耳下垂或稍前倾，全身背毛白色，背腰平直，中躯较长，腹围较小，后躯丰满，四肢健壮。蹄质坚实，乳头 7 对，排列整齐。成年公猪体重 250~300 千克，母猪体重 200~250 千克。

3. 生产性能

三江白猪的后备公猪 6 月龄体重 80~85 千克，后备母猪 6 月龄体重 75~80 千克。育肥猪 20~90 千克阶段平均日增重 0.6 千克，体重达 90 千克日龄为 185 天，胴体瘦肉率 57%~58%，产仔数初产母猪 9~10 头，经产母猪 11~13 头。三江白猪与杜洛克猪、汉普夏猪、长白猪杂交都有较好的配合力，与杜洛克猪杂交效果显著，育肥期平均日增重 0.65 千克，瘦肉率 62%。

（三）上海白猪

1. 产地与特点

上海白猪是在当地条件下培育成的肉脂兼用型品种。主要是在本地猪（太湖猪）和约克夏猪、苏白猪等猪种进行杂交的基础上，通过多年培育而成的。主要特点是生长发育快，产仔数较多，适应性强，胴体瘦肉率较高。

2. 外形特征

上海白猪全身被毛为白色，体质坚实，体型中等偏大，头面平直或微凹，耳中等大略向前倾。背宽，腹稍大，腿臀较丰满。有效乳头7对。成年公猪体重250千克左右，成年母猪180千克左右。

3. 生产性能

在良好的饲养条件下，170日龄体重可达90千克，体重20~90千克阶段的日增重615千克左右，料肉比3.62：1。体重90千克屠宰，屠宰率70.55%。眼肌面积26厘米^2，腿臀比例27%，胴体瘦肉率52.5%。公猪一般在8~9月龄，体重100千克以上开始配种。母猪初情期为6~7月龄，发情周期19~23天，发情持续期2~3天，多在8~9月龄配种。初产母猪产仔数9头左右，经产母猪（3胎及3胎以上）产仔数11~13头。用杜洛克猪或大约克夏猪作父本与上海白猪杂交，一代杂种猪在良好的饲养条件下自由采食干粉料，体重20~90千克阶段日增重为700~750克，料肉比（3.1~3.5）：1。杂种猪体重90千克屠宰，胴体瘦肉率60%以上。

（四）哈尔滨白猪

1. 产地与特点

哈尔滨白猪简称哈白猪。分布于滨州、滨绥和杜佳等铁路沿线。哈白猪在当地杂种白猪选育基础上，于1958年又用引入的苏白公猪杂交级进二代后，横交固定育成的新品种，属大型肉脂兼用型品种。主要特点是生长快、耗料少，母猪产仔数多，哺育性能好，适于寒冷和粗饲料丰富的地区饲养。

2. 外形特征

哈尔滨白猪全身被毛为白色，体型较大。头中等大，颜面微凹，耳直立或稍倾斜（幼猪为直立耳）。背腰平直，腹稍大，不下垂。四肢健壮，体质结实，腿臀丰满，有效乳头6~7对。成年公猪体重200~250千克，成年母猪体重180~200千克。

3. 生产性能

在平衡饲养条件下，体重15~120千克阶段平均日增重585克，料肉比 3.59∶1，体重 115 千克屠宰，屠宰率 75% 左右。眼肌面积 30 厘米^2，腿臀比例 26%。胴体瘦肉率 45% 以上。母猪初情期为 160 日龄，发情周期 20 天左右，发情持续期 2~3 天。一般母猪在 8 月龄、体重 90~100 千克时，公猪在 10 月龄、体重 120 千克开始配种。初产母猪平均产仔数 9.4 头，经产母猪平均产仔数 11.3 头。哺育率 90.7%，仔猪 60 日龄窝重 158 千克。用杜洛克猪作父本，与哈白猪杂交，一代杂种猪平均日增重 525 克，胴体瘦肉率 59.17%。用长白猪作父本与哈白猪杂交，一代杂种日增重平均 623 克，料肉比 3.6∶1。体重 90 千克屠宰，胴体瘦肉率 50% 以上。

三、我国优良的地方品种

（一）东北民猪

东北民猪是东北地区的一个古老的地方猪种，有大（大民猪）、中（二民猪）、小（荷包猪）3 种类型。东北民猪全身被毛为黑色。体质强健，头中等大，具有产仔多、肉质好、抗寒、耐粗饲的突出优点，受到国内外的重视。

（二）太湖猪

太湖猪是我国猪种中繁殖力强、产仔数多的著名地方品种。太湖猪体型中等，被毛稀疏，黑色或青灰色，四肢、鼻均为白色，腹部紫红色。其遗传性能较稳定，与瘦肉型猪种结合杂交优势强，最宜作杂交母体。

（三）金华猪

金华猪为中国著名地方优良猪品种，其体型中等偏小，毛色除头颈和臀尾为黑色外，其余均为白色，故有"两头乌"之称。具有皮薄骨细、肉味鲜美、性成熟早、繁殖力强等特点。

（四）荣昌猪

荣昌猪身躯长，四肢结实，结构匀称，体型中等，头大小适中。荣昌猪除具有性情温驯、育仔力强、适应性好等地方猪种的一般优良特性外，其优良的遗传素质还表现在：①成熟期早；②瘦肉率较高；③肉质好；④配合力好；⑤皮毛白色，鬃质优良。

（五）蓝塘猪

蓝塘猪属华南型猪种，是被列入国家猪种资源保护的猪种。头型大小适中，体躯宽深短圆，四肢短小，是我国唯一耐近交的地方良种。

（六）粤东黑猪

粤东黑猪体型较长，四肢直立、长短适中，性成熟早。

（七）大花白猪

大白花猪属华中型猪种，也是被列入国家猪种资源保护的猪种。其体型中等，毛色为黑白花，具有早熟易肥、性情温驯、耐粗饲、适应性强、繁殖力强、哺乳性能好及肉质鲜嫩等优良特性。

四、商品猪杂交生产

发展商品猪生产必须充分利用猪的杂种优势。杂种优势的利用也称为猪的经济杂交。杂种是否有优势，有多大优势，

五、引种方式和杂交利用

（一）一定规模的猪场

建议建立一个祖代核心群，引进高品质纯种的大约克母猪和长白公猪，杂交产生第一代（F_1），从杂交一代的母猪群中挑选出优良个体作为母本（即平常说的长大母猪），与高品质的纯种杜洛克公猪（父本）杂交，生育出来的后代（即杜长大，俗称外三元）作为商品猪。上述杂交方式称为三品种杂交，它能获得明显的杂种优势，即繁殖性能好、生长速度快、料肉比低、瘦肉率高、抗病力强、屠宰率高、肉色好等特点。

（二）一般中小规模的猪场

引入后备长大母猪和后备杜洛克公猪直接进行杂交生产。引种比例为：长大母猪：杜洛克公猪=（20~25）：1。经过多年的实践证明，杜长大三元杂交利用，优势明显，适应性强。

（三）小型猪场及家庭猪场

以太湖猪或上海白猪为母本，与长白公猪杂交所生杂交一代，从

中选留长太猪或长上母猪与杜洛克公猪进行三元杂交,所生产出来的后代用作商品肉猪(杜长太或杜长上,俗称内三元)。该杂交组合具有产仔数多、耐粗饲、生长速度快、应激小、肉质特别优良、瘦肉率较高等特点,深受广大养殖户欢迎。其缺点是气喘病较严重。

六、PIC 商品猪配套简介

(一)高瘦肉率配套系

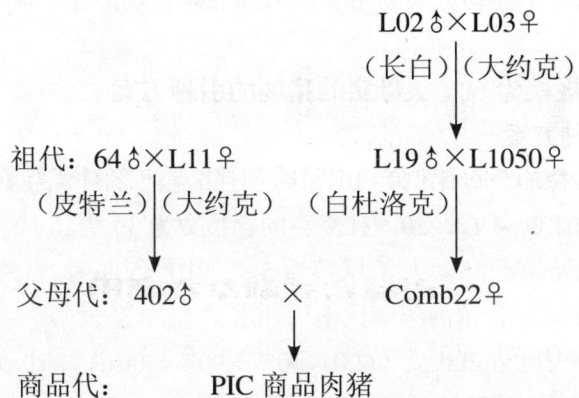

此配套系商品肉猪具有体型好、瘦肉率和屠宰率高、生长速度快、饲料利用率高等特点。

(二)高产仔率配套系

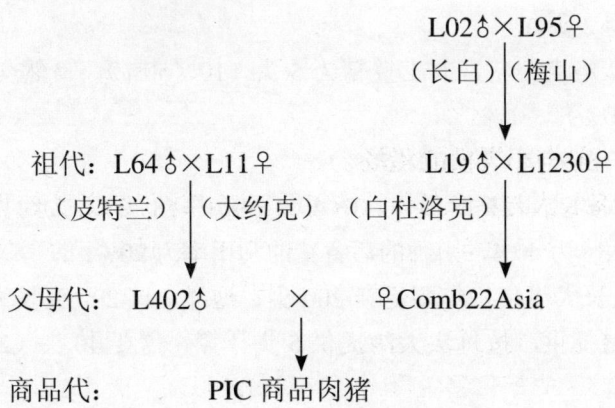

此配套系商品肉猪的体型、瘦肉率和屠宰率、生长速度、饲料利用率不如第一个配套体系，但其繁殖性能好，出栏头数高。

七、家庭猪场的引种方案

目前大多数养猪场采用"小而全"的自繁自养的模式。由于品种更新不及时，普遍存在商品猪生长速度偏慢、料肉比偏高、体型不丰满等问题。分析其原因，除了饲养管理、环境卫生、饲料营养等因素外，还与品种不纯和近亲繁殖有很大的关系。现推荐一些引种方案供参考。

（一）规模为600头母猪的猪场的引种方案

1. 引种方案一

人工授精的公母比例为1∶60，杜洛克的存栏数为10头；自然交配的公母比例为1∶20，杜洛克的存栏数为30头。

引种杜洛克公猪，人工授精为5头（10×50%），自然交配为15头（30×50%）。公猪的年淘汰率为50%。

引种长大母猪200头（600×30%÷90%=200头），长大母猪的年淘汰率为30%，引种的后备猪的利用率为90%。

2. 引种方案二

人工授精的公母比例为1∶60，杜洛克的存栏数为10头；自然交配的公母比例为1∶20，杜洛克的存栏数为30头。另外，长白公猪存栏数为2头。

引种杜洛克公猪，人工授精为5头（10×50%），自然交配为15头（30×50%）。

引种长白公猪1头（2×50%）。

引种大约克母猪18头（40×40%÷90%=18头），大约克纯种母猪的年淘汰率为40%，引种的后备猪的利用率为90%。

600头长大母猪每年要更新200头。这样，这200头长大母猪由大约克母猪提供，按每头大约提供5头计算，需要40头（200÷5）大约克母猪。

就目前的环境来看，大约克母猪的产仔性能比长白母猪高，而长白母猪的生长性能比大约克母猪高，所以建议采用杜长大的模式。

从以上的两种引种方案来看，引种方案二比较合理，引种的费用相对较低，同时也起到了补充血缘、提高本场生产性能的作用，与有实力的育种公司的种猪性能同步。

（二）规模为300头母猪的商品场的引种方案

1. 引种方案一

人工授精的公母比例为1∶60，杜洛克的存栏数为5头；自然交配的公母比例为1∶20，杜洛克的存栏数为15头。

引种杜洛克公猪，人工授精约为3头（5×50%），自然交配约为8头（15×50%）。公猪的年淘汰率为50%。引种长大母猪100头（300×30%÷90%），长大母猪的年淘汰率为30%，引种的后备猪的利用率为90%。

2. 引种方案二

人工授精的公母比例为1∶60，杜洛克的存栏数为5头；自然交配的公母比例为1∶20，杜洛克的存栏数为15头，另外，长白公猪存栏数为1头。

引种杜洛克公猪，人工授精约为3头（5×50%），自然交配约为8头（15×50%）。

引种长白公猪0.5头（1×50%），即每两年引种1头。

引种大约克母猪约为9头（20×40%÷90%），大约克纯种母猪的年淘汰率为40%，引种的后备猪的利用率为90%。

300头长大母猪每年要更新100头。这样，这100头长大母猪由大约克母猪提供，按每头大约提供5头计算，需要20头（100÷5）大约克母猪。

从以上的两种引种方案来看，建议采用引种方案二，因为这样的引种费用相对比较低，并且也起到了补充血缘、提高本场生产性能的作用。

（三）100 头及 100 头以下猪场的引种方案

1. 引种方案一

以 100 头为例，自然交配的公母比例为 1∶20，杜洛克的存栏数为 5 头。

引种杜洛克公猪约为 3 头（5×50%），公猪的淘汰率为 50%。

引种长大母猪约为 33 头（100×30%÷90%），长大母猪的年淘汰率为 30%，引种的后备猪的利用率为 90%。

2. 引种方案二

自然交配的公母比例为 1∶20，杜洛克的存栏数为 5 头。另外，长白公猪存栏数为 1 头。

引种杜洛克公猪约为 3 头（5×50%），公猪的年淘汰率为 50%。

引种长白公猪 0.5 头（1×50%），即每两年引种 1 头。

引种大约克母猪约为 3 头（6×40%÷90%），大约克纯种母猪的年淘汰率为 40%，引种的后备猪的利用率为 90%。

100 头长大母猪每年要更新 30 头。这样，这 30 头长大后备母猪由大约克母猪提供，按每头大约提供 5 头计算，需要大约克母猪 6 头（30÷5）。

对于 100 头母猪以下猪场的引种，建议采用引种方案一，避免导致"小而全"的模式，且引种的费用也不是太高。

（四）引种时的注意事项

1. 体型的误区

由于胴体性状是属于中等遗传力性状，高强度的选择可使遗传稳定。这样，如果育种工作者偏好选择体躯丰满，特别是臀部大的猪只，往往后代也是体型好。因此，体型好看，甚至生长速度快的种猪就容易被固定下来，对外供种。养殖户偏好体型好的种猪，公猪是无可厚非，如果是选择母猪那就要担心了。实际情况往往是体型好、瘦肉率高的母猪，有产仔性能低下、适应力差、淘汰率高等弊病。

2. 种公猪的选择

选种时不单要看猪的体型外貌，同时要向种猪场索要系谱卡及其生产性能指标。

（1）生长速度。好的种公猪的日增重要在 850 克以上（体重 30~100 千克阶段），尽量要求提供其测定过的种猪。

（2）料肉比。好的种公猪的料肉比要求在 2.7 以下（体重 30~100 千克阶段）。

（3）瘦肉率。好的种公猪的瘦肉率要求在 64% 以上（体重 100 千克阶段）。

（4）其他。体长、背腰平直、臀部丰满、四肢粗壮，无包皮积尿，睾丸发育良好，体型左右匀称。

3. 种母猪的选择

主选繁殖性能。基于产仔性能的考虑，普遍认为母本的体型选择应该是体长、四肢粗壮，外阴及乳头发育良好，健康，气质好。

同时，在选种的时候，必须问清楚其育种群的规模以及育种群的平均产仔数。要求纯种母猪产仔数在 10.5 头以上，二元长大或大长母猪产仔数在 11 头以上，后备猪的利用率要求在 92% 以上。

（五）引种后要做的工作

1. 种猪隔离饲养

购进的种猪必须放在隔离区，隔离区可建在场内，但必须远离本场的养猪生产线和生活区。栏舍在种猪转入前必须彻底清洗、消毒并空栏 7 天以上，有固定的饲养员负责。人员的进出必须淋浴更衣，饲料、药品等独立分开。

种猪引进 2 周后，如表现健康，则可以赶入一些准备淘汰的老公猪或老母猪到隔离区。一方面，它们带有本场的特异性微生物，让新的种猪接触会产生轻度感染，产生特异性免疫。另一方面，它们作为"哨兵猪"，可以试探新种猪有无传染性疾病，如导致"哨兵猪"发生明显疾病，可适时采取相应措施。

2. 保健

为了避免营养性腹泻，在种猪进入后的头几天，不要喂过多的饲料。建议在种猪进入的 1 周内，在饲料中添加广谱抗生素，如土霉素、磺胺类药物、金霉素和泰乐菌素等。

3. 疫苗接种

引入新的种猪后,在 6 月龄前按本场的免疫程序进行免疫注射,针对本场较突出的疾病可加强免疫。特别注意,不要套用种猪场推荐的免疫程序。

第三章 猪的营养与饲料配制

一、猪的营养需要

（一）水

水和空气一样是最容易被人忽视的一种很重要的营养物质。因其来源广泛，价格低廉，故而容易被忽视。事实上，无论是植物还是动物，没有水就不能生存。大多数动物对水的需要量远远超过其他营养物质。动物失掉几乎全部脂肪、半数以上的蛋白质仍能生存，但失水达20%，就可导致死亡。水的主要营养生理功能如下：

（1）水是猪机体主要组成成分，水是猪机体细胞的一种主要结构物质，早期发育的胎儿，含水量高达90%以上，出生时为80%左右，成年时为50%左右，随年龄和体重的增加而减少。

（2）水是一种理想的溶剂。水有很高的电解常数，很多化合物容易在水里电解，以离子形式存在，动物体内水的代谢与电解质的代谢紧密结合。体内各种营养物质的吸收、转运和代谢废物的排泄必须溶于水后才能进行。

（3）水是一切化学反应的介质。水参与猪体内的很多生物化学反应，如水解、水合、氧化还原、有机化合物的合成和细胞的呼吸过程等。动物体内所有的聚合与解聚合作用都伴有水的结合或释放。

（4）水能调节体温。水的比热比较大、导热性好，蒸发热高，所以水能储蓄热能，迅速传递热和蒸发热能，有利于恒温动物的体温调节。

（5）润滑作用。动物体的关节囊内、体腔内和各器官间的组织液中的水，可以减少关节和器官间的摩擦力，起到润滑作用。

猪对水的需要量随年龄、采食量、饲料性质和环境温度的变化而不同。水质应符合有关畜禽饮水标准。

（二）蛋白质

蛋白质是生命的基础，没有蛋白质就没有生命，其作用也是碳水化合物或脂肪所不能代替的。蛋白质是由氨基酸组成的一类数量庞大的营养物质的总称。动物对蛋白质的需要实质上是对氨基酸的需要。

动物所需蛋白质有30%~70%由谷实类饲料中的蛋白质来供给,其余必须由植物性饼粕类饲料来满足。饲料中的蛋白质一般指粗蛋白质,饲料中的含氮量乘以6.25即为粗蛋白质含量。

1. 主要营养功能

猪的各种器官组织如被毛、皮肤、神经、血液、肌肉、蹄壳等都含有蛋白质,各种生命活动所必需的酶、激素、抗体、色素等也是以蛋白质为主要原料合成的。蛋白质对维持动物体内正常的新陈代谢意义重大。因此,在配制猪饲料时,代表蛋白质水平高低的粗蛋白含量是其中的关键指标之一。

2. 蛋白质不足或过多对猪的影响

若采食的蛋白质不足,猪体就会动用贮存的蛋白质,使体内的氮出现负平衡。首先是消耗肝脏中的蛋白质,其次是动用血液中的蛋白质,最后消耗肌肉及组织中的蛋白质。若长期缺乏蛋白质,猪就会因血浆蛋白过低和血红蛋白减少而发生贫血症,导致抵抗能力减弱,发病率增加。仔猪会出现生长发育迟缓、水肿、消瘦;公猪精液品质下降;母猪发情异常,胎儿营养不良,死仔、弱仔增多,仔猪出生重下降。当然,过多地供给动物蛋白质也不可取,既是对宝贵的蛋白质资源的浪费,增加了饲养成本,也会对动物机体增加负担,甚至影响环境,不利于养猪业的可持续发展。

3. 氨基酸与理想蛋白质

(1)必需氨基酸与非必需氨基酸。猪体内不能合成或合成速度较慢或数量很少不能满足猪的需要,必须由饲料供给的氨基酸称为必需氨基酸。反之,那些在猪体内合成数量较多,或者需要量较少,并可由其他氨基酸或非蛋白质含氮物转化形成的氨基酸称为非必需氨基酸。研究证明,生长猪需10种必需氨基酸:赖氨酸、蛋氨酸、色氨酸、组氨酸、异亮氨酸、亮氨酸、苯丙氨酸、缬氨酸、苏氨酸和精氨酸。此外,胱氨酸和苯丙氨酸等为半必需氨基酸。实际上,猪对蛋白质的需要量就是猪对必需氨基酸和合成非必需氨基酸氮源的需要。饲料蛋白的营养价值主要取决于饲料中必需氨基酸的组成、含量和比例。

在某一饲料或日粮中,某一氨基酸的含量与猪只所需的氨基酸之比最小的一个为第一限制性氨基酸,稍大一点为第二限制性氨基酸,以此类推。猪饲料中常见的限制性氨基酸有赖氨酸、蛋氨酸、色氨酸、苏氨酸和异亮氨酸。猪日粮中第一限制性氨基酸为赖氨酸。在日粮中将几种蛋白饲料配合使用,可发挥蛋白质的互补作用,从而提高饲料蛋白质利用率或蛋白质的生物学价值,添加合成的氨基酸也可以提高饲料蛋白的生物学价值,以植物为主要蛋白来源的日粮,一般易缺的氨基酸为赖氨酸,所以,在猪日粮中经常添加赖氨酸。

(2)理想蛋白质。所谓理想蛋白质,是指蛋白质中氨基酸(必需氨基酸和非必需氨基酸)的数量和比例与猪某阶段所需必需氨基酸恰好一致,那么猪对这种蛋白质的利用率理论上可达到100%。

(三)碳水化合物

碳水化合物来源非常广泛,是在饲粮中所占比例最大的营养物质,是猪主要的能量来源。一般可分为粗纤维和无氮浸出物两部分。

粗纤维包括纤维素、半纤维素和木质素等,其组成比例不稳定。在一般饲料中,纤维中的纤维素、半纤维素和木质素的含量分别为50%~80%、20%和10%~50%。这类物质是植物细胞壁的主要成分,猪小肠中没有消化粗纤维素的酶,较难消化这类物质。日粮中粗纤维水平过高,会降低饲料有机物质消化率和能量消化率。当日粮中粗纤维含量超过15%时,由于适口性差,会大大降低猪对饲料的采食量。育肥后期日粮中,粗纤维可保持较高水平,达到限制猪采食量、减少体脂肪的沉积、提高胴体品质的目的。

无氮浸出物又叫可溶性碳水化合物,指单糖、双糖及淀粉等易于消化的物质。无氮浸出物的主要营养功能如下:

(1)供给能量的主要来源。在谷实类饲料中含可溶性单糖和双糖很少,主要是淀粉,所以它是猪的主要能量来源。淀粉在消化道内由淀粉酶水解成葡萄糖后吸收进入血液,成为血糖,在体内氧化供能。家畜对可溶性糖和淀粉的消化率为95%~100%。

(2)是形成体脂的重要原料。除维持猪体内糖原恒定外,多余的碳水化合物则转变成脂肪贮存于结缔组织细胞中，以备猪营养不良时作为能源供给。

（3）合成某些非必需氨基酸。碳水化合物代谢中间产物与氨基结合经转氨基作用可产生丙氨酸。

（4）合成乳糖和乳脂。

（四）脂肪

饲料中能溶解于脂溶性溶剂的物质称为脂肪，包括真脂肪和类脂肪，在饲料中含量约为5%。脂肪含热能高，在体内氧化时释放的能量是同等质量碳水化合物或蛋白质所释放热能的2.25倍。脂肪的主要营养功能如下：

（1）是动物体内供能和贮能的最好形式。脂肪体积小而能量高，便于贮存在猪皮下、肠膜、肾周围和肌肉间。体内贮存的脂肪可在寒冷季节或饲料能量不足时用于供能。

（2）作为构成动物组织的重要原料，脂肪中的磷脂和胆固醇是体细胞的主要成分，尤以脑细胞和神经细胞中含量最多。

（3）是脂溶性维生素的溶剂。维生素A、维生素D、维生素E、维生素K及胡萝卜素必须以脂肪为溶剂，并依靠脂肪在体内运送。日粮中脂肪缺乏时，会影响这些重要营养物质的吸收利用。

（4）是动物体制造维生素和激素的原料。一些固醇是制造体内固醇类激素的必需物质，如肾上腺皮质激素、性激素等。

（5）调节体温和保护内脏器官。脂肪大部分贮存在皮下，用于调节体温，保护对温度敏感的组织。脂肪分布填充在各内脏器官间隙中，可使其免受震动和机械损伤，并维持皮肤的生长发育。

（五）能量

动物需要消耗能量来维持生命活动和生产活动。猪体所需要的能量主要来自饲料中的碳水化合物、脂肪与蛋白质。这三类物质在猪体内氧化，从而释放出能量，用来维持体温与生理活动，并进行生产活动。由于蛋白质在体内的特殊重要作用，在猪的饲料中一般不把它作为能量物质来利用。猪的能量来源主要是碳水化合物和脂肪。当能量

饲料过剩时，猪体把过多的碳水化合物转化为脂肪贮存在体内；相反，能量饲料供应不足时，猪体内贮备的脂肪甚至体蛋白都可以用来做能量供应。能量以兆焦/千克或千焦/千克来表示。

1. 总能（GE）

总能是指饲料中有机物质完全氧化燃烧生成二氧化碳、水和其他氧化物时释放的全部能量。每千克碳水化合物可生产热能17.36千焦，脂肪为39.08千焦，蛋白质为23.285千焦。总能在动物的消化吸收和代谢过程中有一定的损失，一般以固体（粪）、液体（尿、汗）或气体（甲烷）和体温等形式损失，扣除损失的部分，其余能量方可用于维持和生产。因此，用饲料中的总能来衡量动物的能量需要意义不大。

2. 消化能（DE）

动物饲料总能减去未消化以粪形式排出的饲料能量（粪能）称为消化能。由于动物粪中除了未消化饲料之外，还含有微生物及其产物、肠道分泌物及脱落的细胞等，因此测得的消化能称表观消化能，在粪中扣除非饲料来源能称可消化能。在饲养标准和饲料营养价值表中所列消化能一般为表观消化能。由于消化能易于测定，且在总能中扣除了动物不能利用部分，因此，大家多用消化能来衡量猪的营养需要或评定饲料的能量值。哺乳期幼龄动物在粪中损失的能量小于10%，生长猪损失约为20%。动物种类、品种、个体、年龄、日粮组成、采食量等因素均可以影响饲料消化能值。饲料消化能值除了利用动物消化试验直接测定之外，还可用回归方程间接推算。

3. 代谢能（ME）

由饲料总能减去粪能、气体能和尿能称为代谢能。猪消化道气体能损失为消化能的0.5%~1%，因气体能数值小，可以忽略不计，尿能损失占总能的2%~3%。一般认为代谢能为消化能的96%，变动范围在94%~97%。饲粮中蛋白质的品质和数量都会影响代谢能的值。劣质蛋白质的代谢能值低；进食过量蛋白质，代谢能值下降。因为过量蛋白质或氨基酸会被分解而供能，多以尿素、尿酸形式从尿中损失，每克尿素含能量23千焦,每克尿酸含能量28千焦。由消化能较正确估计代谢能,公式:ME = DE×[(96 − (0.202×粗蛋白质%)]。

4. 净能(NE)

代谢能减去体增热称为净能。体增热又称食后增热,是指绝食动物给饲粮后短时间内,体内产热高于绝食代谢产热的那部分热能,主要在消化和代谢过程中能量消耗时释放的热量。净能可以分为维持净能和生产净能。一般喂常规饲料的猪,在常温环境条件下,代谢能转化为净能率为66%~72%,主要受动物种类、饲料类型、采食水平、生产目的、性别、品种、体况及环境的影响。净能应是衡量猪能量需要的最好指标,但净能难于测定,所以我国猪饲养标准中多用消化能或代谢能来表示猪的能量需要。

(六)矿物质元素

矿物质元素是动物营养中的一大类无机营养素,已确认有45种元素参与动物体组成。矿物质元素在动物体内有着确切的生理功能和代谢作用。日粮供给不足或缺乏会导致缺乏症和生化变化,补给相应的元素,缺乏症即可消失的元素称必需矿物质元素。猪至少需要13种元素,包括钙、磷、钾、钠、氯、镁、硫和铜、铁、锌、锰、硒、碘,还需要钴合成维生素 B_{12}。按必需矿物质元素在体内含量不同分成常量元素和微量元素。体内含量大于或等于0.01%的元素为常量元素,包括钙、磷、钠、钾、氯、镁和硫;体内含量小于0.01%的元素为微量元素,包括铜、铁、锌、锰、硒、碘和钴等。

1. 钙、磷

钙、磷是猪体内含量最多的矿物质元素,在猪的体内钙、磷约占全部矿物质的1/3,其较高的含量是决定钙、磷重要生理功能的物质基础。猪体内钙、磷含量及分布受年龄、体重、生理状况等多种因素的影响。但钙、磷作为体内必需的生物无机元素,一般情况下在体内组织、器官中的含量是相对恒定的。

(1)钙、磷的功能。钙、磷是骨骼和牙齿的组成成分,主要以羟基磷灰石[$Ca_{10}(PO_4)_6(OH)_2$]、$Ca_3(PO_4)_2$、$CaCO_3$ 和 $Mg_3(PO_4)_2$

的形式存在。约 99% 的钙元素和 90% 的磷元素存在于猪的骨骼中，骨灰中钙含量为 36%，磷为 17%，正常钙磷比例为 2∶1。少量的钙存在血浆中，一般血钙含量为 9~12 毫克/毫升。血中磷含量 4~35 毫克/毫升，主要存在于血细胞内，血浆中含量较少。体内还有 1% 钙和 20% 磷存在软组织和体液中。

钙除在动物体内参与支持结构物质组成、起支持保护作用外，还参与多方面的生理代谢的调节功能。如控制神经传递物质的释放，调节神经的兴奋性；通过神经体液调节改变细胞的通透性；参与肌肉的收缩活动，激活多种酶的活性。钙还具自身营养调节功能。

磷在猪体内也具有多种生物学功能。磷参与体内的能量代谢，是高能化合物三磷酸腺苷（ATP）、二磷酸腺苷（ADP）和磷酸肌酸（CP）的组成部分，是碳水化合物、脂肪和蛋白质代谢反应过程中许多含磷的中间产物。磷是细胞膜的组成成分，蛋白质合成的重要物质。

（2）钙、磷的吸收和代谢。从饲料中进入消化道内的钙、磷主要在十二指肠吸收，钙在具有类激素活性的维生素 D_3 刺激下，与蛋白形成钙结合蛋白，经过扩散吸收进入细胞膜内，过量的钙以螯合形式或游离形式吸收。磷吸收以离子态为主，也可能存在易化扩散。猪对钙的吸收率为 55%，对磷的吸收率为 50%~85%。天然饲料中磷的存在形态影响其利用效率。谷物饲料、谷实类副产品饲料和饼粕类中的磷有 60%~75% 以植酸盐形式存在，猪对植酸磷利用很差。谷物籽实中磷的利用率也有差异，玉米仅有 15%，小麦麸利用率 35%~50%。其利用率高于玉米，原因是小麦中含有植酸酶。动物性饲料中磷的形态主要是无机磷，其利用率和矿物型磷相似。但无机磷中磷利用率也有差异。磷的铵盐、钙盐和钠盐中磷非常有效，脱氟磷矿石和蒸骨粉中磷利用率比磷酸氢钙约低 13%。正常情况血液中的钙、磷含量较稳定，从饲料中吸收的钙、磷主要沉积于骨骼。家畜骨骼是一个很活跃的组织，无论是生长家畜还是成年家畜，骨骼不断增长或更新。体液中的钙、磷不断进入并沉积在骨中，同时骨中钙、磷不断动员出来又进入血液。磷代谢受内分泌的控制，当血钙降低时，刺激甲状旁腺，分泌甲状旁腺素，促进钙的吸收。骨钙进入血液，保持血钙、血磷的稳定，同时促进肾小管重复吸收、减少钙从尿中排出量。当饲料中吸收钙增多时，血钙含量上升刺激甲状腺分泌降钙素，抑制回吸收作用，促进钙、磷在骨中沉积，同时肾小管增加尿中钙的排出量。

（3）钙、磷缺乏和过量。钙、磷的缺乏症与维生素 D 的缺乏症相同。主要表现为食欲下降、生长停滞、消瘦、跛行、强直、骨骼脆弱和繁殖机能受损，猪缺乏钙、磷的典型症状是幼龄仔猪患佝偻病，成年家畜患骨软化症（骨松症）。佝偻症是钙、磷代谢障碍使生长幼猪骨骼不能钙化而引起的骨组织病，主要表现为：当生长猪日粮中钙、磷缺乏，或其中之一缺乏，或二者比例不适，或维生素 D 不足时，均可发生佝偻病。骨松症（溶骨症）是成年家畜钙、磷代谢障碍的疾病，日粮中钙、磷、维生素 D 缺乏或不平衡可引起此病。妊娠母猪或泌乳高峰期母猪钙、磷代谢会出现负平衡，因其会动员海绵状骨内的钙、磷进入血液以供给胎儿、泌乳的需要。如果日粮中长时期钙、磷供给不足，海绵状骨中钙、磷得不到补充而且继续动用，一旦海绵状骨中钙、磷耗尽，就要动用质密骨中的钙、磷，此时就出现溶骨症，即使饲料中再供给充足的钙、磷和维生素 D 也不能恢复。食入过量钙而引起直接中毒的症状无报道，但过量钙与其他营养素之间的相互作用则可造成有害的影响，高钙可影响磷、镁、铁、碘、锌、钴的吸收，导致其他元素的缺乏。例如高钙、高锌的日粮，促使猪锌的缺乏，而产生皮肤不完全角质化症。高磷与高钙类似，长期高磷（高于正常 2~3 倍）会引起钙代谢变化或其他继发性机能异常，使骨组织产生病变。

（4）钙、磷需要量与钙、磷比例。根据猪对钙、磷的需要量测定并制定生长育肥猪和母猪的饲养标准或营养需要。总钙和总磷的需要量是以玉米-豆饼类型日粮测定的，总磷的需要已考虑到玉米和豆饼中植酸磷不能全部被利用的事实，在营养需要表中除列了总磷需要量之外，还列了有效磷的需要量。植物中植酸磷利用受肠道植酸酶的影响，一般随猪的年龄增加，肠道植酸酶也增加，故利用率也随之提

高。所列钙、磷的需要量主要满足猪最大生长的需要，如要获得最大骨骼强度和骨质含量需要，定在比原需要量提高0.1%。后备母猪钙、磷的需要量应高于生长育肥猪。后备公猪需要量应略高于后备母猪。猪骨骼中钙、磷比例为 2 : 1，猪乳中钙、磷比例为 1.3 : 1，猪日粮中一般为（1.0~1.5）: 1。在确定日粮的钙、磷营养水平时，除参考标准之外，还需考虑日粮中能量、蛋白质饲料的组成。从 NRC 总磷和有效磷的需要量来看，小猪到大猪各阶段有效磷占总磷比例并不一致，10~20 千克体重高于 50~110 千克体重。总之，要满足猪的钙、磷营养需要，一定要注意日粮中的钙、磷比例，日粮中钙、磷的供给量及日粮中必须含有充足的维生素 D，三条件缺一，就可引起猪钙、磷缺乏症。

2. 钠、钾、氯

猪体内钠、钾、氯的主要作用是作为电解质，维持渗透压，调节酸碱平衡，控制水的代谢。钾、钠维持肌肉神经的兴奋性，钾活化酶，氯参与胃酸组成。钠、钾、氯主要存在于体液和软组织中，钠、钾主要分布于细胞之外，氯在细胞内外均有。

生长猪日粮中缺钠、氯可表现为食欲减退，生产力下降，饲料利用率降低，不喂食盐或饲喂不足时，猪有异食癖，如互相咬尾巴、舔圈墙、啃木头等，严重缺乏时发生肌肉颤抖、四肢运动失调。母猪泌乳量也受影响。缺钾表现症状与缺食盐相似，一般饲料中含钾丰富，可满足猪的需要，不必在日粮中添加钾。在一般情况下，猪会自身调节钠或食盐的摄入量，任食食盐也不会有害。猪对食盐耐受的能力很强。如有充足水供给，耐受力更强。但水中或日粮中含过多的食盐会导致中毒。钠中毒症状表现为神经质、虚弱、蹒跚、癫痫发作、瘫痪，甚至死亡。生长猪饲粮中钠需要量为 0.08%~0.1%，氯的需要量不够明确。在实际饲养中，一般在饲粮中添加 0.25%~0.2% 的食盐即可，种猪食盐添加量为 0.3%。哺乳母猪泌乳中钠含量为 0.03%~0.04%，哺乳母猪饲粮钠需要应高于妊娠期 0.05%，多数资料认为猪日粮中添加 0.3%~0.5% 的食盐是合适的。也有人认为妊娠母猪饲粮中钠含量为

0.4%，哺乳期为0.5%。猪对钾的需要量随体重的增加而减少，例如1~4千克体重为0.27%~0.39%，20~25千克体重为0.15%。

3. 镁

镁是骨骼的组成部分，是许多酶系的辅助因子。体内约有70%的镁存在于骨骼中。镁可调节神经肌肉兴奋性，保证神经肌肉的正常功能。在常量元素中，猪对镁的需要量较低，日粮中含镁0.03%~0.04%可满足猪的需要；奶中含有足量镁，可满足哺乳仔猪的需要。生长肥育猪对镁的需要可能不高于幼猪。据常规饲料分析，饲料中含有丰富的镁，可满足猪的需要。谷实和饼粕类饲料中镁的利用率为50%~60%。种猪镁的需要量还不够清楚。在生产实践中，一般较难观察到镁的缺乏症。据报道，缺镁症状为应激过敏、肌肉痉挛不愿站立、平衡失调、抽搐、陡然死亡。镁的中毒剂量尚不清楚。

7种常量必需元素中，任何一种元素对猪都是必需的，但从生产实际出发，这些元素在饲料中含量的多或少与猪的需要量来看，饲料中常感缺乏的是钙、磷、钠和氯；尤其是钙、磷含量和比例影响到猪正常生长发育，所以在生产中必须注意满足猪的需要。另外，钠也是饲料中易缺乏的，补充食盐可满足需要。饲料中钾、镁的含量一般能满足猪的需要，日粮中不用添加。

4. 铁

铁是猪生长的必需元素，猪每千克体重含铁60~70毫克，其中60%~70%的铁存在于血红蛋白中，2%~20%分布于肌红蛋白中，0.1%~0.4%分布在细胞色素中，肝、脾、骨髓是主要贮铁器官。

铁的主要营养生理功能是由血红蛋白和肌红蛋白组成，转运氧、血红素。铁蛋白、血铁黄素和转铁蛋白等是体内的主要贮铁库。铁参与体内物质代谢，是细胞色素氧化酶、过氧化物酶、过氧化氢酶的重要组成部分，可催化各种生化反应。铁有生理防卫机能，转铁蛋白除运载铁之外，还有预防机体感染疾病作用。

缺铁的主要表现是贫血，又称低色素小红细胞贫血。临床表现为生长慢、昏睡，可视黏膜变白，被毛粗糙，呼吸频率增加，或膈肌突

然痉挛，抗病力弱，严重时死亡率高。贫血猪对传染病敏感性增大，易患腹泻、肺炎等。初生仔猪易出现缺铁性贫血，主要由于初生仔猪每千克体重仅含铁30~50毫克，仔猪早期生长率极高，每天需供给铁7~16毫克，或每增加1千克体重需21毫克铁，但母乳中铁含量很低，从母乳中仅能供哺乳仔猪1毫克/（天•头）。人们曾企图提高妊娠母猪日粮中铁的含量，以利于提高初生仔猪体内的铁含量或母乳中铁的含量，但试验证明，无论在母猪的妊娠后期喂高水平铁或在妊娠后期注射右旋糖酐铁，并不能增加铁从胎盘向胎儿的转移。给哺乳母猪饲喂高水平的铁化物，也不能有效地提高乳中铁的含量。为了满足初生哺乳仔猪铁的需要，必须给仔猪补铁，给初生仔猪一次注射右旋糖酐铁、糊精铁（100~200毫克）的铁可与血红蛋白结合持续4周之久。在母猪乳头滴硫酸亚铁或可溶性铁溶液或在圈内放少量红土，让仔猪自由舔，也可起到补铁作用，注意仔猪口服硫酸亚铁达600毫克/升时会引起中毒。据研究，饲喂人工乳固形物中铁的需要量为50~150毫克/千克，常规或无菌环境下饲养时仔猪对铁的需要量为100毫克/千克（固形物），喂干料仔猪对铁的需要量比喂液态料高50%。

（七）维生素

1. 维生素的生理功能

维生素是一类猪机体代谢所必需但需要量又极少的低分子有机化合物，它是天然饲料中的一种成分，但明显不同于碳水化合物、脂肪、蛋白质、矿物质和水，在饲料中含量极微。维持动物机体正常健康状况及正常生理功能，如生长、发育、维持和繁殖都需要维生素。如果日粮中缺乏维生素或吸收利用不当，会引起各种特定的缺乏症或并发症。动物自己不能合成足够维生素来满足它的生理需要，因此，必须从日粮中获得。

维生素按其溶解的性质分为脂溶性维生素和水溶性维生素。脂溶性维生素包括维生素A、维生素D、维生素E、维生素K。水溶性维生素包括维生素B_1（硫胺素）、维生素B_2（核黄素）、维生素B_6（吡哆醇）、维生素B_{12}（氰钴胺素）、维生素B_3（泛酸）、维生素B_9（叶酸）、

维生素 B_5（烟酸）、维生素 H（生物素）、维生素 B_4（胆碱）、维生素 C（抗坏血酸）。除此之外，还有肌醇和氨基苯甲酸等也归于水溶性维生素，在一般情况下，猪日粮中不必添加。B 族维生素常用于猪日粮中。在应激、疾病条件下，猪日粮中添加维生素 C。猪从饲料中采食脂溶性维生素在体内有相当数量的贮存。水溶性维生素除维生素 B_{12} 之外，并不能在体内贮存，吸入过多时，可从尿中迅速排出。为了避免维生素缺乏，必须每天供给水溶性维生素。脂溶性维生素主要经胆汁由粪中排出，水溶性维生素由尿中排出。所以，脂溶性维生素 A 和维生素 D 过多时，会产生严重后果；水溶性维生素过多时，毒性较小。

2. 维生素需要量

维生素的需要量受其来源、饲料组成、饲料加工方式、贮存时间和饲养方式等因素的影响。NRC 和 ARC 营养需要提出的猪维生素需要量，是为防止临床缺乏症的最低需要量。低于该值，会产生维生素缺乏症。最低需要量并不能充分发挥猪生产潜力。在生产中，应在最低需要量上加上一个安全系数，该值称为最适供给量，以利于产生最佳的生产效果，发挥品种猪的遗传潜力。但是影响最适供给量的因素较多，变化较大，在同一品种、同一畜群的不同年龄动物之间，甚至不同日龄之间也有差异。

3. 饲料中维生素来源

在常用饲料中含有各种维生素，但由于饲料种类、加工、贮存不同，其维生素含量、含有种类不一。在极少的饲料中含有维生素 A 和维生素 D，如全脂奶和鱼肝油。但某些植物性饲料中，特别是青绿饲料中含有维生素 A 的前体——β- 胡萝卜素和维生素 D 的前体，后者经紫外线照射后可转变为维生素 D_2。籽实类饲料或籽实类副产品和饼粕类饲料一般不含有维生素 A、维生素 D，但黄玉米饲料中含有少量维生素 A 的前体。在规模化养猪场中，均供给全价的配合饲料，其饲料组成中包括玉米、饼粕类饲料，所含维生素 A、维生素 D 很少或没有，所以，日粮中必须额外添加维生素 A、维生素 D。畜禽的消化道内通过微生物合成维生素 K，在一般情况下，饲料中维生素 K 虽少，

但不会感到缺乏,在漏缝地板饲养条件下猪也需考虑补充维生素 K。酵母和豆粉中含有丰富的 B 族维生素;谷实类饲料、糠麸和油饼类饲料除不含有维生素 B_{12} 之外,其他 B 族维生素均含有,但含量有差别,维生素 B_1 和维生素 B_6 含量丰富,均比豆粉含量高,油饼类中胆碱含量高于谷实类和糠麸类饲料,玉米中胆碱含量最少。综上所述,采食玉米 - 豆饼日粮时,猪易缺少维生素 A、维生素 D、维生素 E、核黄素(维生素 B_2)、烟酸、泛酸和维生素 B_{12},有时还需添加维生素 K 和胆碱。

4. 脂溶性维生素

(1)维生素 A。维生素 A 是一组具有维生素 A 生物活性的物质,有视黄醇、视黄醛和视黄酸 3 种衍生物。维生素 A 只存在于动物体内,植物体内不含有维生素 A,但含有维生素 A 的前体胡萝卜素。胡萝卜素存在多种类似物,其中以 β- 胡萝卜素活性最强,β- 胡萝卜素主要在肠黏膜转化成维生素 A。维生素 A 的主要功能是防止疲惫症和干眼病,保证家畜正常生长和家畜骨骼、牙齿正常发育,保护皮肤、消化道、呼吸道和生殖道上皮细胞完整,增强猪体对疾病的抵抗力。

维生素 A 在小肠中经胰脂酶水解,游离出的维生素 A 被肠黏膜吸收并重新酯化为视黄醇 B 软脂肪酯,随后由血液转运到肝脏贮存,当体内其他组织需要时,将肝脏贮存的维生素 A 释放出来。目前,各国营养需要中提出猪维生素 A 需要量为 1 300~4 000 国际单位 / 千克饲粮。生长育肥猪需要量随年龄增长而下降,种猪需要量高于生长育肥猪。缺乏维生素 A 在生长育肥阶段,将导致血浆中维生素 A 水平下降,增重下降,腹泻,头部向一侧歪斜,运动失调,以全身表皮分泌出一种褐色渗出物为特征的皮脂溢出症,后肢麻痹,夜盲症。在母猪表现为不发情、步履不稳,行走时后肢摇晃交叉以及视力减退。过量的维生素 A 可引起中毒,其症状为骨骼畸形、器官退化、生长缓慢、失重、皮肤受损以及先天畸形。

(2)维生素 D。维生素 D 存在两种主要活性形式:麦角钙化醇(D_2)和胆钙化醇(D_3)。麦角钙化醇的先体是来自植物的麦角固醇。

胆钙化醇来自动物的 7-脱氢胆固醇，先体物在紫外线照射下将变成维生素 D_2 和维生素 D_3。二者的结构相似。维生素 D 活性以国际单位表示，一个国际单位等于 0.025 微克结晶维生素 D 的活性。维生素 D_2 和维生素 D_3 对满足猪对维生素 D 的需要同样有效，但也有报道维生素 D_3 效价可能高于维生素 D_2。由日粮食入的维生素 D 在胆盐和脂肪存在的条件下由肠道吸收，被动扩散进入肠细胞。主要吸收部位在回肠。维生素 D 缺乏时，肠道对维生素 D 的吸收率提高。猪对维生素需要量为 125~200 国际单位/千克饲粮，仔猪需要量高于生长猪，种猪、后备猪与生长猪需要量相似。维生素 D 缺乏引起钙和磷吸收和代谢紊乱，使骨钙化不足。幼猪缺维生素 D 会导致患佝偻病，成年猪患骨软化症，严重缺乏维生素 D 表现为钙和镁的缺乏症，在种猪表现为骨质疏松症。

（3）维生素 E。维生素 E 又名生育酚、抗不育维生素。在自然界中具有维生素 E 活性的化合物有多种，其中以 α-生育酚活性为最强。D-α-生育酚是稍有黏性的浅黄色油，不溶于水，溶于油脂和脂溶剂，不易被酸碱破坏，但易被氧化。所以，维生素 E 也是一个抗氧化剂。

维生素 E 的生理功能是多方面的。其一，是细胞内的抗氧化剂，维生素 E 在重要的微器官磷脂膜内防止过氧化物的生成，使不饱和脂肪酸稳定。所以，维生素 E 是抗氧化机制的第一道防线，谷胱甘肽过氧化物酶是抗氧化机制的第二条防线。其二，在体内，维生素 E 还保护对氧敏感的维生素 A 免受氧化破坏，从而提高维生素 A 供应。目前，人们还认为维生素 E 与动物体免疫系统的发育和功能有关。

一般维生素 E 的缺乏症与维生素 E、硒或抗氧化剂有关，维生素 E 缺乏症与硒的缺乏相似，猪出现肝坏死、脂肪组织变黄、血管受损水肿、胃溃疡。补充维生素 E 或微量元素硒均可防治维生素 E 缺乏症。种猪缺乏维生素 E，睾丸生殖上皮变性，母猪的胎盘及胚胎血管受损，胚胎死亡和被吸收，初生仔猪弱。在硒充足情况下，饲粮中添加维生素 E 10~15 毫克/千克。

（4）维生素 K。维生素 K 是一类萘酮衍生物。在自然界中主要

存在维生素 K_1 和维生素 K_2 两种，维生素 K_1 在植物中生成，维生素 K_2 由肠道微生物合成。维生素 K_3 是维生素 K 的合成形态，溶于水，其主要形态有亚硫酸氢钠甲萘醌（MSB）、亚硫酸氢钠甲萘醌复合物（MSBC）和亚硫酸嘧啶醇甲萘醌（MPB），其活性决定于其甲萘醌的含量和水溶性。维生素 K 主要参与凝血活动，是前凝血酶原（因子Ⅱ）、斯图尔特因子（因子Ⅹ）、转变加速因子前体（因子Ⅶ）和血浆促凝血酶原激酶（因子）的激活所必需的。所以，维生素 K 缺乏时，凝血时间延长。畜禽对维生素 K 需要量为 0.5~1 毫克/千克，如饲料中含有维生素 K 拮抗物双香豆素和磺胺喹沙琳，就应增加维生素 K 的供给量。

5. 水溶性维生素

水溶性维生素主要有以下特点：第一是水溶性维生素可从食物或者饲料的水溶物中提取。第二是除含碳、氢、氧元素外多数都含有氮，有的还含有硫或者钴。第三是 B 族维生素主要作为辅酶，催化碳水化合物、脂肪和蛋白质代谢中的各种反应。食欲下降和生长受阻是共同的缺乏症状。第四是除维生素 B_{12} 外，水溶性维生素几乎不在体内贮存。

（1）维生素 B_1。维生素 B_1 又名硫胺素，也称抗神经炎素、抗脚气病维生素，人工合成有硫胺素盐酸盐和硫胺素硝酸盐，后者更为稳定。硫胺素是许多细胞酶的辅酶，其活性形式为焦磷酸硫胺素，参与碳水化合物和蛋白质代谢过程中 α-酮酸的氧化脱羧反应。硫胺素广泛存在于谷物籽实饲料及其副产品中，含量丰富。一般日粮中不需添加维生素 B_1。猪需要量为 1~1.5 毫克/千克。如日粮中脂肪含量增加，猪可减少对维生素 B_1 的需要量。环境温度升高，其需要量也提高，一般用常规饲料喂猪，很难发现猪维生素 B_1 缺乏症。硫胺素缺乏时，猪食欲下降，增重慢，体温、心率下降，偶尔呕吐，神经症状、心肌水肿和心脏扩大。上述症状并非是缺乏维生素 B_1 的特异症状，常表现为综合的缺乏症。例如，猪神经症状还可由维生素 B_6 和泛酸缺乏引起。

（2）维生素 B_2。维生素 B_2 又称核黄素，是由一个二甲基异咯嗪核和一个核醇结合而成的。核黄素作为两个辅酶——黄素单核苷酸（FMN）和黄素腺嘌呤二核苷酸（FAD）的组成成分，在蛋白质、脂肪和碳水化合物代谢中非常重要。猪对核黄素的需要量为 2~4 毫克/千克。猪日粮中缺乏核黄素常表现为腿弯曲、僵硬、皮厚、皮疹、背和侧面上有渗出物、晶状体混浊和白内障。母猪表现食欲减退、不发情或早产、胚胎死亡和胚胎被重吸收。核黄素能由植物、酵母菌、真菌和其他微生物合成，但动物本身不能合成。脱脂乳、乳清和酵母中含有丰富的维生素 B_2。玉米和其他谷物中含量不多。饲料中所含维生素 B_2 一般都能很好地被动物所利用。在猪日粮中，核黄素含量少，必须加以补充。

（3）尼克酸烟酰胺。尼克酸烟酰胺又名烟酸、维生素 PP。有烟酸和烟酚胺两种，二者活性相同，烟酸被动物吸收形式为烟酚胺。烟酸是烟酚胺腺嘌呤二核苷酸（NAD）和烟醚胺腺嘌呤二核苷酸磷酸酯（NADP）辅酶的一种组成成分，这两种辅酶是碳水化合物、脂肪和蛋白质代谢所必需的。此外，烟酸对保持皮肤和消化器官的正常功能不可缺乏。除新生仔猪外，各种猪能将饲料中的色氨酸转化成尼克酸，所以，测定猪对烟酸的需要量时较复杂。几乎所有植物性饲料中都含有不同量的烟酸，但某些饲料中烟酸以结合型存在，这种类型烟酸幼年猪大部分不能利用。玉米、小麦和高粱中的烟酸利用率差，豆饼中的烟酸利用率较高。猪对烟酸的需要量为 10~22 毫克/千克。生长猪日粮中烟酸缺乏表现为食欲减退、生长慢、呕吐、皮肤干燥、皮炎和鳞片样皮肤脱落、被毛粗糙、脱毛和正常红细胞贫血，有些猪局部瘫痪、后肢肌肉痉挛、唇部和舌部溃烂。

（4）泛酸。泛酸又称遍多酸。它是辅酶 A 的组成成分，对碳水化合物和脂肪代谢中二碳单位分解和合成代谢非常重要。泛酸与皮肤和黏膜的正常生理功能、毛发的色泽、对疾病的抵抗力有很重要的关系。大部分饲料中富含泛酸，谷实和其加工副产品也是泛酸的来源。大麦、豆饼中泛酸利用率高，玉米和高粱的利用率低。饲料中 D 型异

构体的泛酸有生物学活性。生产中添加 D 型泛酸钙，其活性为 92%。L 型的泛酸钙其活性仅有 46%。猪对泛酸的需要量为 10~13 毫克/千克。日粮中缺乏泛酸导致生长缓慢、厌食、腹泻、皮肤干燥、被毛粗糙、脱毛、眼周围呈现深黄色分泌物，免疫反应降低，后肢行走异常，母猪配种后出现"假妊娠现象"，或不怀胎，或死胎。

（5）维生素 B_{12}。维生素 B_{12} 又名氰钴素、钴胺素。维生素 B_{12} 结构复杂，是唯一含有金属元素（钴）的维生素。在维生素中，它的需要量最低，但作用最强。在自然界中仅有微生物可合成，而植物性饲料中通常不含有维生素 B_{12}。维生素 B_{12} 是正常血细胞生成、促进生长和各种代谢过程所必需的。维生素 B_{12} 作为辅酶，参与由甲酸盐、甘氨酸或丝氨酸衍生的活性甲基的重新合成，它们转移成同型胱氨酸再合成蛋氨酸。维生素 B_{12} 在尿嘧啶甲基化形成胸腺嘧啶的过程中也非常重要，胸腺嘧啶可转化成胸腺嘧啶脱氧核苷，后者用于 RNA 的合成。猪日粮中缺乏维生素 B_{12} 表现为正常红细胞贫血，中性白细胞数增加和淋巴细胞数减少，巨红细胞贫血，骨髓增生，肝脏和甲状腺增大。母猪缺乏维生素 B_{12} 容易导致流产，胚胎异常和仔数低。猪对维生素 B_{12} 需要量为每千克饲料 11~20 微克。动物性饲料特别是鱼粉含维生素 B_{12} 丰富，植物饲料中没有。家畜肠道微生物能合成维生素 B_{12}，所以，粪中富含这种维生素。一般粪就是维生素 B_{12} 的来源，现在集约化猪场，有漏缝地板圈，必须补加维生素 B_{12}。

（6）叶酸。叶酸在许多单碳水化合物的代谢转化中起着非常重要的作用，特别是在蛋白质和核酸的代谢过程中。叶酸所参与的单碳转移的特殊反应主要有丝酸与甘氨酸的相互转变，嘌呤的合成，蛋氨酸、胆碱和胸腺嘧啶等化合物的甲基合成。猪对叶酸需要量为每千克饲料 0.3 毫克。猪饲粮中缺乏叶酸出现巨红细胞性贫血，白细胞减少，繁殖及泌乳紊乱。在猪日粮中喂磺胺药和叶酸拮抗物的情况下出现缺乏症。叶酸分布于动、植物饲料中，青绿饲料、谷物、豆类和动物产品含量丰富，所以一般情况下猪不易缺乏。

（7）生物素。生物素又称维生素 H、W 因子和抗卵清损害因子。

生物素分子由尿素、噻吩和戊酸构成，为白色针状晶体。生物素是转化反应酶系中许多酶的辅酶，它在碳水化合物、脂肪和蛋白质代谢中具有重要作用。一般来说，饲料中生物素能满足猪的需要，在生产中较难观察到生物素缺乏症。当在饲粮中加入生鸡蛋清时，可观察到缺乏症，因为蛋清中含有抗生物素蛋白，所见缺乏症为过度脱毛、皮肤溃烂和皮炎、眼周渗出液、嘴黏膜炎症、蹄横裂、脚垫裂缝并出血。饲养在有漏缝地板圈内的猪，可适量补充，在一般饲养条件下，日粮中添加生物素也未见显著效果。

（8）胆碱。胆碱虽然被归于维生素之列，但严格讲又不是真正的维生素。胆碱不参与任何酶系，事实上胆碱是脂肪和神经组织的结构成分，动物对胆碱的需要量极高，已超过其他维生素的需要量。胆碱主要存在于乙酰胆碱和磷脂中。饲料中的胆碱可满足猪对胆碱的代谢需要，在猪体内也能用游离甲基合成胆碱。甲基可来源于蛋氨酸和其他甲基供体。胆碱也可提供甲基。甲基在体内运转过程中，胆碱与蛋氨酸、维生素 B_1 与叶酸之间具有相互作用。胆碱对于肝脏的长链脂肪酸的磷酸化和动用以及脂肪酸在肝中氧化都是必需的。幼猪日粮中缺乏胆碱，表现为增重减缓、发育不良（腿短、垂腹）、被毛粗糙、贫血、虚弱、共济失调、步态不平衡和蹒跚、关节松弛、脂肪肝、肾小管闭塞、肾小管内上皮坏死。母猪缺乏胆碱时繁殖机能下降，仔猪成活率低，断乳体重小。猪胆碱需要量为 300~1 250 毫克/千克，胆碱的需要量受蛋白水平、脂肪含量的影响。所有饲料中含有胆碱，动物性饲料、饼粕类饲料中含量丰富，玉米中含量少，大豆中胆碱利用率高，谷物中胆碱利用率低。

（9）维生素 B_6。维生素 B_6 为吡啶衍生物，它以吡哆醇、吡哆醛和吡哆胺存在于饲料中，3 种生物活性相同，目前市场上出售商品为吡哆醇。磷酸吡哆醛是许多氨基酸酶系统，包括转氨酶、脱羧酶、脱氢酶、合成酶和消旋酶的重要辅助因子，还在中枢神经系统的功能中起关键作用，它参与为神经递质与神经抑制剂的合成所必需的氨基酸衍生物的脱羧作用。一般来说，玉米 - 豆饼饲粮不必添加维生素 B_6，因为饲料中含量丰富,其生物利用率达40%~60%。猪对维生素B_6需要量为1~2毫克/千克。在生产中也不易产生明显的缺乏症。亚麻饼中含维生素B_6的抑制因子,所以如饲粮中含有亚麻饼时,应添加维生素B_6。饲粮中缺乏维生素B_6可导致食欲减退,生长慢。严重缺乏时,出现眼周褐色渗出液、抽搐、共济失调、昏迷和死亡。缺乏维生素B_6的典型特征是感觉神经元外周髓脂质和轴突退化,引起皮炎、小细胞低色素性贫血和脂肪肝。

二、饲料配制原则

配合饲料是根据不同类型、不同生长阶段猪对营养的要求,结合各种饲料的营养成分,将多种原料按科学配方配制成的全价饲料。配合饲料能较好地平衡猪的营养需要与饲料营养价值两方面的关系,最大限度地发挥猪的生产性能。在配制饲料时,应注意以下几点:

(一)营养性

饲料配方必须根据猪的营养需要进行设计。猪的品种、年龄、体重、生产性能、生理状况及环境等因素,均应在设计配方时予以充分考虑。在考虑营养性时,必须首先满足猪对能量的需要,在此基础上,再依次考虑蛋白质、氨基酸、矿物质、微量元素等的需要量。其次,必须考虑能量与蛋白质使之符合饲料标准的要求。能量高的饲料,蛋白质含量也相应调高;能量低的饲料,应适当调低蛋白质指标,使能量蛋白比这一重要指标控制在合理范围内,使能量、蛋白均得到最大限度的利用,充分满足猪生长、生产所需。此外,还要考虑粗纤维、氨基酸、微量元素、维生素的合理比例。

(二)生理性

饲料的适口性和体积要与猪的消化生理特点相适应。适口性直接影响猪的采食量,在实践中,可通过添加猪喜欢的香味剂、甜味剂等掩盖饲料本身可能具备的不良气味,增加猪的采食量,提高其生产性能。饲料体积过大,可能会造成猪采食了很多饲料,消化道负担很重,却仍不能摄取充足养分或养分消化、吸收不佳的状况。反之,饲料体积太小，即使猪已摄入充足养分，却因缺乏饱腹感而倍感饥饿、烦躁不安，影响猪的生产性能。因此，在配方设计时，应充分考虑如何适应猪的消化生理特点。

（三）调整和替换

根据猪的生产状况和环境条件，可在原有的饲养标准基础上做适当调整，调整幅度应控制在10%以内。如在应激条件下，维生素的添加量应成倍增加。当饲料原料发生变更时，应寻找同类饲料按其营养价值进行替换。

（四）安全性

严格控制饲料中的有毒有害物质，如黄曲霉毒素、各种抗营养因子等，饲料中的沙门氏菌、重金属含量也不能超标。饲料安全关系到所饲养的动物的安全和健康，也间接影响人类的健康和安全，必须高度重视，方可促进养猪业的可持续发展。

（五）经济性

饲料成本约占整个养猪成本的70%，配方设计应在满足猪营养需要的前提下，尽可能节约成本，做到因地制宜、就地取材、精打细算、巧用本地饲料等。

（六）实用性

一个好的饲料配方应做到饲料效果好、饲料报酬高、经济效益高、成本低。必须经过科学的、严格的养猪实践来反复求证，必须有多年经验积累，如确定最佳添加量等。所以，配方应既有相对稳定性，又有一定的灵活性。

三、原料选择

（一）能量饲料

粗蛋白低于20%、粗纤维低于18%的饲料属于能量饲料。猪常用的能量饲料有禾谷类籽实及其加工副产品，这类饲料含淀粉多，蛋白质、脂肪和其他养分含量少。能量饲料是猪日粮中用量最多的饲料，是能量的主要来源，在配合日粮中能量饲料总量可达70%。

能量饲料一般分为 4 类：谷实类、块根块茎和瓜类、糠麸类、糟渣类。

1. 谷实类

谷实类包括玉米、高粱、大麦、小麦、稻谷等。特点是粗纤维含量低，体积小，适口性强，碳水化合物含量在 70% 以上，容易消化，蛋白质含量低，一般为 8%~12%，赖氨酸、蛋氨酸和色氨酸大都缺乏或含量很低，在配合饲料时要注意这一点。脂肪含量差异很大，有的不到 1%，有的在 6% 以上。含钙低，含磷高（大多属植酸磷，猪利用率极低）。除黄玉米外，其他谷实含胡萝卜素极少，缺少维生素 A、维生素 D，含有一定的 B 族维生素。用谷实类饲料喂猪时，应注意配合蛋白质饲料，添加矿物质和维生素饲料。

使用谷实类饲料还应特别注意真菌毒素的问题，玉米、稻谷、高粱等谷物容易被黄曲霉感染，摄入微量黄曲霉毒素就会影响猪的生长，大量摄入则肝受损，甚至死亡。母猪对该毒素比较敏感，应特别注意。

（1）玉米。玉米中含有大量的优质淀粉，是猪主要的能量饲料。玉米代谢能高达 13.6~14.2 兆焦/千克，在谷物类饲料中是最高的，且适口性好，易于消化。白玉米和黄玉米的蛋白质及能量价值无差异，但黄玉米含胡萝卜素较多，可作为维生素 A 的部分来源，黄玉米还含有叶黄素，有助于皮肤、胫部等部位着色。玉米的蛋白质含量偏低，且氨基酸品质欠佳，赖氨酸、蛋氨酸和色氨酸的含量不足。在配合饲料中，玉米的需要量根据日粮能量水平而定，在一般情况下玉米的用量占日粮的 50%~75%。

（2）小麦。小麦富含淀粉，且易消化，能量价值仅次于玉米，含粗蛋白 13% 左右，其氨基酸组成比玉米、大米的好。缺点是缺乏维生素 A，无机盐少，黏性大，色素含量低。在猪的配合饲料中，小麦的用量一般为 5%~20%。

（3）大麦。大麦的粗蛋白含量较高，代谢能较低，约为 11.29 兆焦/千克。粗纤维含量达 6%~8%，不宜喂仔猪，在生长猪的配合饲料中用量也不宜过多。

（4）高粱。高粱的营养成分与玉米相近。高粱中单宁酸的含量较高，带涩味，适口性差，且蛋白质的消化率较低。

（5）糙大米、碎米。糙大米是稻谷脱去糠（外壳）后的籽粒，含有籽粒的内壳。它的代谢能水平相当高，为13.96兆焦/千克，与玉米相近。蛋白质含量也和玉米近似，比麦类籽粒含量低得多，仅8.8%左右。

碎米是糙大米脱去大米糠（内壳）制作食用大米时的破碎粒，可含有少部分大米糠。它的代谢能比糙大米略高，与玉米近似。

糙大米、碎米对猪的营养价值与玉米相近，在盛产稻谷的地区，可用糙大米、碎米代替部分玉米。

2. 块根块茎和瓜类

块根块茎及瓜类饲料包括胡萝卜、甘薯、木薯、饲用甜菜、芜菁甘蓝（灰萝卜）、马铃薯、菊芋块茎、南瓜等。它们不仅种类不同，而且化学成分各异，但从饲用角度来看有着一些共性的地方。

根茎瓜类最大的特点是水分含量很高，达75%~90%，去籽南瓜竟达93.6%，相对的干物质含量很少。这就使它们的每单位重量的鲜饲料中所含的营养成分降低。每千克鲜样中含消化能不过1.80~4.69兆焦，南瓜只有1.05兆焦，因而也属于大容积饲料。但从干物质的营养价值来看，它们可以归属于能量饲料。特别是在国外，这些饲料大多是制成干制成品后用作饲料的，这就更符合能量饲料的条件了。

就干物质而言，它们的粗纤维含量较低，有的2.1%~3.24%，有的8%~12.5%。无氮浸出物含量很高，达67.5%~88.1%，而且大多是易消化的糖分、淀粉或戊聚糖，故它们含有的消化能较高。每千克干物质含有13.81~15.82兆焦的消化能。但是它们也具有能量饲料的一般缺点，其中有些甚于谷实类。如甘薯、木薯的粗蛋白质含量只有4.5%与3.3%，而且其中有相当大的比例属于非蛋白质态的含氮物质。一些主要矿物质与某些维生素B族的含量也不够。南瓜中核黄素含量可达13.1毫克/千克，这是难得的。甘薯和南瓜中均含有胡萝卜素，特别是在胡萝卜中其胡萝卜素含量能达 430 毫克/千克,这是极宝贵的特点。此外,块根与块茎饲料中富含钾盐。

新鲜根茎瓜类饲料的能量营养价值,就干物质计各种类之间的差异较小,而鲜重的能量相差则较大。这种能量差异程度恰与它们之间干物质含量差异(6.4%~30%)有关。因而由鲜样中的干物质与能量折算出的每千克干物质的能量价值差异才不显著。为此,对本类饲料的营养价值要特别重视,其中的干物质含量本来很低(不到 10%),干物质含量变动即使只有 1%~2%,也可引起 10%~20% 的营养价值的变化。这一点对于在不同干湿气候季节收获的饲料营养评定极为重要。

(1) 甘薯。甘薯又名番薯、红苕、地瓜、山芋、红(白)薯等,是我国种植最广、产量最大的薯类作物。甘薯块根多汁,富含淀粉,是很好的能量饲料。用甘薯块喂猪,生喂或熟喂都爱吃,特别是育肥期和泌乳期的动物,有促进消化蓄积体脂和增加泌乳量的效果。鲜甘薯含水量约 70%,粗蛋白质含量低于玉米。鲜喂时(生的、熟的或者青贮),其饲用价值接近于玉米;甘薯与豆饼或酵母混合作基础饲料时,其饲用价值相当于玉米的 87%。生的和熟的甘薯,其干物质和能量的消化率相同。但熟甘薯蛋白质的消化率几乎为生甘薯的 1 倍。生长猪和育肥猪喂同样水平的补充饲料时,用熟甘薯喂,其饲料利用率高,生长快,采食量可增加 10%~17%,同时能改进能量的消化和吸收。

甘薯忌冻,必须贮存在 13℃左右的环境下。当温度高于 18℃、相对湿度为 80% 时,甘薯会发芽。黑斑甘薯味苦,含有毒性酮,应禁用。腐软甘薯可煮后喂猪,无不良反应。为便于贮存和饲喂,常将甘薯块切成片,晾晒制成甘薯干备用。

(2) 马铃薯。马铃薯又叫土豆、地蛋、山药蛋、洋芋等。其茎叶可作青贮料;块茎干物质中 80% 左右是淀粉,可用作动物的能量饲料。按单位面积生产的可消化能和粗蛋白质计要比一般作物乃至玉米还高。在适宜的栽培条件下,其块茎产量很高。其营养价值也很好,它的消化率对各种动物都比较高，特别是对猪更高。

马铃薯喂猪，熟喂可提高其适口性和消化率，生喂不仅消化率低，而且还会使生长受抑制。在同样条件下，熟喂比生喂提高增重31%，每增重1千克可节约精料0.66千克。日喂量3~7千克。

在马铃薯植株中含有一种化学物质，叫茄素（龙葵素），是有毒物质；但只有在块茎贮藏期间经日光照射马铃薯变成绿色以后，茄素含量增加时，才有可能发生中毒现象。

（3）木薯。木薯又名树薯、树番薯，为热带多年生灌木，可分为苦味种和甜味种两大类。木薯块根富含淀粉，在鲜木薯中占25%~30%，粗纤维含量很少，可作为单胃动物的能量饲料，叶片中蛋白质含量多（占鲜重5.4%和绝干物质重18.6%），可用来养蚕或制成干粉，是饲喂动物的好饲料。

由于木薯富含淀粉，因而可作为基础日粮，育肥动物效果显著。加工沉淀后的残渣含毒量不多，可直接饲喂。残渣除蛋白质含量较少外，其他营养价值与谷类相似。日喂量：育肥猪1.5~3.5千克，母猪5~8千克。如拌以米糠、麸皮等精料，则饲喂效果更好。

木薯粉系木薯经粉碎、洗粉、晒（烘）干后的产物。内含粗蛋白质2.51%、粗脂肪1.14%、粗纤维7.43%、灰分3.77%、无氮浸出物72.02%、钙0.39%、磷0.05%。

不论何种木薯，均含有一定量的氰氢酸（HCN）。据分析，木薯块中每千克含氰化物10~370毫克，皮中含毒量最高，每千克可达560毫克左右。多食后可使动物中毒。因此，在食用或饲用前必须进行去毒处理，可将木薯去皮或切片浸在自来水中1~2天，或切片晒干磨粉放在无盖锅内煮沸3~4小时。在日粮中如未超过1/4，则对猪无毒，给猪饲喂过多则易引起下痢，乃至中毒。

在木薯所含的蛋白质中，多数是非蛋白质态氮，其中亚硝酸态氮和硝酸态氮较多，亦包括氢氰酸。同时，在木薯蛋白质中，其氨基酸品质不佳，缺乏蛋氨酸、胱氨酸和色氨酸。

（4）胡萝卜。胡萝卜可以列入能量饲料内，但由于它的鲜样中水

分含量多、容积大，因此在生产实践中并不依赖它来供给能量。它的重要作用主要是在冬季饲养动物时作为多汁饲料和供给胡萝卜素。由于胡萝卜中含有一定量的蔗糖以及它的多汁性，在冬季青饲料缺乏、干草或秸秆比重较大的动物日粮中加一些胡萝卜可以改善日粮的口味，调节消化机能。

（5）甜菜。按块根中的干物质与糖分含量多少，可将甜菜大致分为糖用甜菜、半糖用甜菜和饲用甜菜3种。糖用甜菜含糖多，干物质含量为20%~22%，最高达25%，但总收获量低；饲用甜菜的大型种，总收获量高，但干物质含量低，为8%~11%，含糖5%~11%。

各类甜菜所含有的无氮浸出物中主要是糖分（蔗糖），但也含有少量的淀粉与果胶物质，由于糖用与半糖用甜菜含有大量蔗糖，故其块根一般不用作饲料而是先用于制糖，然后以其副产品甜菜渣用作饲料。

甜菜喂量不宜过多，也不宜单一饲喂。刚收获的甜菜不宜马上投喂，否则易引起下痢。在猪大群饲养中，一年四季都可喂青贮甜菜。

甜菜渣是制糖工业的副产品，是甜菜块根经过浸泡、压榨提取糖液后的残渣，故渣的部分以不溶于水的物质大量存在，特别是粗纤维可以全部保留。由于渣中粗纤维的消化率较高，达80%左右，因此每千克鲜根中所含有的消化能稍低于饲用甜菜，为1.34兆焦。就干物质而言，仍可算作能量饲料。

3. 糠麸类

能量和消化率均低于谷实类饲料，粗纤维含量高，无氮浸出物较少，钙少，磷较丰富，但以植酸磷为主，不能被猪有效利用。

（1）米糠。米糠是糙米加工成白米时碾出来的。其中能量较高，粗蛋白含量11.5%~12%，粗脂肪12%~15%，粗纤维8%~9%。因其所含脂肪多，且多属不饱和脂肪酸，故易氧化酸败，不能长久贮存。一般用量为5%~15%。

（2）麦麸。麦麸是面粉生产过程的副产品，营养价值依加工程度而异。其粗纤维含量较高，因而能量较低，代谢能一般为7.11~7.94兆焦/千克，粗蛋白含量为13.5%~15.45%。且富含B族维生素和磷、锰，容积大，不宜多加。

小麦麸具有轻泻性，乳猪饲粮中应避免使用，仔猪和中猪、大猪可使用 5%~15%。小麦麸是控制中猪过肥、便秘的良好原料，妊娠母猪饲粮中可占 20% 左右，泌乳母猪饲料中不应超过 20%，以免能量过低，影响泌乳量。

4. 糟渣类

在谷物供应不足的情况下，应充分利用糟渣类饲料，包括酒糟、淀粉渣等。

（1）酒糟。酒糟指采用玉米、大米等谷物酿酒后的残渣，其风干物含粗蛋白质 20%~25%（但品质较差），B 族维生素丰富，但缺少维生素 A 和维生素 D，缺钙，并有残留的乙醇（酒精）。主要作为育肥猪饲料，但长期多量或单一使用，会导致肉猪生长放缓。

（2）淀粉渣。淀粉渣是利用玉米、甘蔗、木薯、马铃薯等制作粉条或淀粉的副产物。其干物质主要成分是碳水化合物，几乎不含蛋白质，钙、磷等也很少，几乎不含维生素 A、维生素 D 和 B 族维生素。故宜做能量饲料，一般是用鲜品饲喂，也可干燥后加入配合饲料中饲喂。

淀粉渣含水分多，容易酸败，饲喂时要特别小心。薯类渣泄性较强，宜煮熟后饲喂。幼猪喂干粉渣不宜超过日粮的 30%，大猪和中猪不宜超过 50%。大量用淀粉渣喂猪时，应搭配蛋白质饲料和青饲料，否则，母猪产仔弱小，产后泌乳量少，仔猪发育阻滞，大猪影响增重。

（二）蛋白质饲料

干物质中粗蛋白含量在 20% 以上的饲料称为蛋白质饲料。蛋白质饲料分为植物性蛋白质饲料和动物性蛋白质饲料。植物性蛋白质饲料包括豆类籽实及饼粕类，最易缺乏蛋氨酸、赖氨酸和色氨酸，另外精氨酸、苏氨酸和异亮氨酸也常常不能满足需要；动物性蛋白质饲料主要是鱼粉、肉骨粉、血粉、羽毛粉和饲用酵母粉等，这类饲料氨基酸组成完全，蛋氨酸、赖氨酸含量丰富，含大量的 B 族维生素和钙、磷等，而且比例适当。

（1）豆粕。豆粕是猪常用的最优良的植物性蛋白质饲料，含粗蛋白 43%~44%，含赖氨酸较多，但蛋氨酸和胱氨酸不足。用豆粕添加一定量的合成蛋氨酸可以代替部分动物性蛋白质饲料。豆粕用量可占日粮的 15%~30%。

（2）菜籽饼（粕）。菜籽饼（粕）含丰富的蛋白质，蛋白质含量达 36%~38%，但含有毒物质芥子苷，喂前应去毒。且含纤维较多，适口性差，用量不宜超过日粮的 5%。

（3）棉籽粕。棉籽粕含粗蛋白 40%~45%，赖氨酸含量较低，且含有毒物质棉酚，在棉籽粕中加入 0.5% 左右的硫酸亚铁，可减少棉酚的毒害作用。棉籽粕一般不宜喂仔猪和种猪，其他猪的用量可占日粮的 2%~6%。

（4）花生饼。花生饼含粗蛋白 40%~50%，适口性好，但其脂肪含量高达 5%~8%，易发霉变质，贮存时应注意保持干燥和通风。发霉的花生饼喂仔猪易引起黄曲霉毒素中毒。花生饼用量可占日粮的 5%~8%。

（5）鱼粉。鱼粉是一种优质蛋白质饲料，蛋白质含量达 55%~65%，氨基酸组成完全，蛋氨酸、赖氨酸含量丰富，含大量 B 族维生素和钙、磷等，且比例适当。但其价格较高，在日粮中的用量为 1%~3%。鱼粉含脂肪高，贮存中常因受热发生酸败，因此应贮藏在通风和干燥处。

（6）肉骨粉。经高温、高压处理的肉骨粉有 50% 以上的蛋白质，肉骨粉的饲用价值比鱼粉和豆饼差，且不稳定，易腐败而感染细菌。随着日粮中肉骨粉用量增加，饲料的适口性降低，一般日粮中的用量在 4% 以下，幼年猪不宜使用。

（7）血粉。血粉含蛋白质达 79% 以上，其中赖氨酸含量较多，也含有少量的矿物质，血粉的最大缺点是几乎不含异亮氨酸。血粉适口性较差，一般用量不超过 5%。

（8）羽毛粉。羽毛粉含有大量的角蛋白，一般含量可达 80.0%~87.4%，但较难被消化吸收，消化率只有 30%~50%。羽毛粉中赖氨酸和蛋氨酸含量少，适口性差，用量一般不超过 2%。

(9)饲用酵母。饲用酵母本来不属于动物性饲料,但它所含的蛋白质从量到质都近似于动物性蛋白质饲料的营养价值。酵母粉营养价值高,含粗蛋白50%~55%,粗脂肪1.7%~2.7%,并含有大量B族维生素和维生素A、维生素D等。用量一般不超过5%。

(三)矿物质饲料

一般饲料中所含钙、磷、钠、氯常不能满足猪的需要,因而要用专门的矿物质饲料来补充。其中补钙的饲料有石粉、贝壳粉、蛋壳粉和碳酸钙等,其含钙量在20%~30%,一般仔猪的用量为1%左右,种猪用量为5%~7%。蛋壳粉易带病菌,需经加热处理。既补钙又补磷的饲料有骨粉、磷酸氢钙等,用量可占饲粮的0.5%~1.2%。经脱胶的骨粉质量较好,用生骨头直接粉碎的骨粉易变质,外观、颜色、气味异常的骨粉应慎用。补充钠、氯的饲料主要是食盐,一般用量为0.2%~0.4%,要粉碎拌匀,太多会中毒。

(四)饲料添加剂

饲料添加剂是指配合饲料添加的微量物质,用以保障猪健康发育、提高饲料转化率和增强抗病力。饲料添加剂主要有以下几类:

1. 氨基酸添加剂

目前猪饲料中添加的氨基酸添加剂主要有蛋氨酸、赖氨酸、苏氨酸和色氨酸等,其作用是使日粮中的氨基酸组成合理,并减少动物性蛋白质饲料的用量,提高日粮中蛋白质的利用率。

2. 维生素添加剂

列入添加剂的维生素有维生素A、维生素D_3、维生素E、维生素K_3、维生素D_1、维生素B_2、吡哆醇、维生素B_{12}、氯化胆碱、烟酸、泛酸钙、叶酸和生物素。各种维生素的添加量应以猪对维生素需要量为依据,同时考虑日粮组成、环境温度、饲养方式和应激等因素。

3. 矿物质添加剂

作为添加剂的微量元素包括锰、锌、铁、铜、碘、硒和钴等,常用各种元素的盐类为原料。

4. 抗生素添加剂

猪日粮中添加低浓度抗生素或抗菌药物可以增进健康，提高日增重和饲料报酬。生长肥育猪饲粮中添加该类添加剂，日增重提高10%~20%，耗料减少10%左右。为避免药物残留，应在屠宰前按照休药期停止使用。

5. 酶制剂

常用的饲料酶制剂有 α-淀粉酶、β-淀粉酶、葡聚糖酶、蛋白酶、纤维素酶、脂肪酶及复合酶等。酶的作用有高度的专一性，使用效果依酶的种类、活性、添加量、猪的年龄、日粮组成等而不同。饲料中的酶通常与保护剂在一起，防止在胃中被破坏，便于在小肠中发挥作用。消化酶使用最有效的时期在6周龄之前，因为这一阶段消化道处于成熟过程中，产生的消化酶不能完全消化饲料中的营养物质。据报道，早期断奶仔猪日粮中添加复合酶制剂，可提高日增重25%，减少饲料消耗15.5%。

6. 保健驱虫添加剂

驱虫药物添加剂如硫化二苯胺、驱蛔灵、左旋盐酸四咪唑等，可防治猪的寄生虫病。

7. 饲料保存添加剂

包括抗氧化剂和防霉剂。抗氧化剂常用的有乙氧喹啉（又称乙氧喹，商品名为山道喹）、丁羟甲苯、丁羟甲氧基苯、柠檬酸、磷酸等，其中以乙氧喹的效果较好，用量以不超过15毫克/千克为宜。抗氧化剂可防止或减慢饲料中易于氧化的养分，如油脂、脂溶性维生素的氧化分解过程。为了防止饲料的霉变，常在饲料中加入防霉剂。常用的有丙酸钠和丙酸钙，其加入量分别为2.5毫克/千克和5毫克/千克。

8. 其他添加剂

如颗粒饲料的黏合剂（常用膨润土和膨润土钠）、调味剂（如甘草精、茴香油）、着色剂、防尘剂和防潮剂等。

四、饲料加工

(一) 一般饲料的加工调制

1. 粉碎

精饲料粉碎成粗玉米面形状比较好,尤其是用干粉料喂猪,粉碎太细,猪采食不方便;粉碎太粗,营养成分不容易混匀。各种干叶和优质干草都应粉碎得细些,以提高利用率。

2. 浸泡

浸泡就是将外皮坚实的谷粒,如稻谷、高粱、粟米和燕麦等,用水浸泡至膨胀、变软,然后捞起,以增加适口性,同时也有利于吞咽和消化。

3. 拌湿

根据猪喜欢湿料的习性,可将配合好的混合粉料混入切碎的青饲料中,加水拌成干湿状喂给。

4. 蒸煮

猪饲料一般以生喂为好。因为饲料在加温过程中,既破坏饲料本身的消化酶和大部分维生素,又消耗了燃料和人力。但也有些饲料蒸煮后可增加口味及食欲,并容易消化,如甘薯和马铃薯。大豆中含有抗胰蛋白酶及其他抗营养因子,加温可使其失去作用,能提高大豆的利用率。

5. 切碎或打浆

青绿多汁饲料和块根块茎饲料,切碎、擦丝或打浆(大块动物性饲料,喂前也需切碎),与其他饲料混拌在一起喂猪,能提高猪的采食量和饲料利用率。

(二) 全价配合饲料的加工

规模化养猪多采用全价配合饲料,且以颗粒料为佳。配合饲料是指根据畜禽的营养需要,将多种不同的饲料,科学地按一定比例均匀混合的产品。配合饲料能满足不同生产目的、不同生产水平和不同发育阶段畜禽的营养需要,高度发挥畜禽生产潜力,提高饲料利用率,降低饲养成本,使畜牧生产者获得最佳经济效益。

第四章　猪场生产管理

一、猪场的岗位职责

以层层管理、分工明确、场长负责制为原则。具体工作专人负责,既有分工又有合作,下级服从上级,重要事情必须通过场领导班子研究决定。

(一)场长的工作职责

(1)负责猪场的全面工作。

(2)负责制定和完善本场的各项行政管理制度。

(3)负责后勤保障工作,及时协调各部门之间的关系。

(4)落实和完成下达的各项任务。

(5)编排全场的经营计划及物资需求计划。

(6)负责检查全场的生产报表,做好月结和周上报工作。

(7)做好全场员工的思想工作,及时了解员工的思想动态,出现问题及时解决,及时向上级反映员工的意见和建议。

(8)监督、检查全场生产情况、员工工作情况和卫生防疫情况。

(二)生产主管(或场长助理)的工作职责

(1)负责全场的生产技术工作。

(2)负责制定和完善本场的饲养管理技术操作规程、卫生防疫制度和有关生产线的管理制度,并组织实施。

(3)直接管辖场内的生产技术,具体编排全场的生产计划、防疫计划,组织区长、组长实施,并对实施结果及时检查汇报。

(4)负责全场的生产报表工作,随时做好统计分析,及时发现问题并解决问题。

(5)协助场长做好其他工作。

(三)生产区(或线)区长的工作职责

(1)负责本区全面工作。

(2)负责本区的日常管理工作,编排生产计划,组织和落实各项生产任务,确保生产线满负荷的正常运转。

(3)负责本区员工的管理,及时向上级反映本区员工的工作情况、思想动态、意见和建议。

（4）负责检查和监督本区的生产情况和操作规程的执行情况，充分了解本区的猪群动态、健康状况，发现问题及时解决。

（5）负责按照制定的免疫程序，组织和安排人员实施。负责本区大环境的卫生和消毒工作。

（6）负责本区每周的饲料和药液用具等的物品管理，按照要求整理有关记录和报表，月底做好总结分析，及时上报各项报表。

（7）负责本区员工的学习交流和技术培训工作。

（四）配种妊娠舍组长兼配种员的工作职责

（1）负责组织本组人员严格按照饲养管理技术操作规程和每周工作日程进行生产。

（2）及时反映本组中出现的生产和工作问题。

（3）负责整理和统计本组的生产报表、数据，并及时补打耳号牌。

（4）安排本组人员的休息和顶班。

（5）负责本组药品、用具的领取和猪只的盘点。

（6）负责本组定期全面的消毒、清洁和绿化工作。

（7）服从区长领导，完成区长下达的各项生产任务。

（8）负责生产线配种工作，保证生产流程满负荷均衡生产。

（9）负责本组种猪转群调整工作。

（10）负责本组种猪的免疫接种工作。

（五）分娩舍组长的工作职责

（1）负责组织本组人员严格按饲养管理技术操作规程和每周工作日程进行生产。

（2）及时反映本组中出现的生产和工作问题。

（3）负责整理和统计本组的生产报表、数据，并及时补打耳号牌。

（4）安排本组人员的休息及顶班。

（5）负责本组药品、用具的领取及猪只的盘点。

（6）负责本组定期全面的消毒、清洁和绿化工作。

（7）服从区长领导，完成区长下达的各项生产任务。

（8）负责每个单元进猪前设备的检修工作，确保进猪后一切设备正常运转。

（9）负责分娩舍空栏的冲洗消毒工作，并安排每次转猪后走猪道的清洁工作。

（10）负责本组每周仔猪的转群及调整工作，负责哺乳母猪、仔猪的免疫注射工作。

（六）保育舍生产组长的工作职责

（1）负责组织本组人员严格按照饲养管理技术操作规程和每周工作日程进行生产。

（2）及时反映本组中出现的生产和工作问题。

（3）负责整理和统计本组的生产报表、数据，并及时补打耳号牌。

（4）安排本组人员的休息及顶班。

（5）负责本组药品、用具的领取及猪只的盘点。

（6）负责本组定期全面的消毒、清洁和绿化工作。

（7）服从区长领导，完成区长下达的各项生产任务。

（8）做好断奶仔猪转入及仔猪上市工作。

（9）负责保育舍空栏的冲洗消毒工作，并安排每次出猪后走猪道的清洁工作。

（10）负责各单元进猪前设备的检修工作，确保进猪后一切设备正常运转。

（七）辅助配种员兼种猪饲养员的工作职责

（1）协助组长做好配种、种猪转群及调整工作。

（2）协助组长做好公猪、空怀断奶母猪和后备猪的免疫接种工作。

（3）负责大栏内种猪的饲养管理。

（八）妊娠母猪饲养员的工作职责

（1）协助组长做好妊娠母猪转群及调整工作。

（2）协助组长做好妊娠母猪免疫注射工作。

（3）负责妊娠母猪的饲养管理和卫生工作。

（九）哺乳母猪和哺乳仔猪饲养员的工作职责

（1）协助组长做好临产母猪转入和断奶母猪转出工作。

（2）协助组长做好仔猪的转出工作。

（3）负责母猪和仔猪的饲养管理及卫生工作。

（4）协助组长做好母猪和仔猪的免疫接种工作。

（十）保育猪饲养员的工作职责

（1）协助组长做好断奶仔猪的转入及仔猪的上市工作。

（2）负责2个单元的仔猪的饲养管理及卫生工作。

（3）协助组长做好仔猪的免疫接种工作。

（十一）夜班人员的工作职责

（1）重点负责分娩舍接产及仔猪护理工作。

（2）负责本线猪群防寒保暖、防暑降温及通风工作（负责帘幕的升降，门窗、风扇及保温灯的开关）。

（3）负责本线防火防盗等安全工作及路灯、照明灯的检修工作。

（4）负责本线注射接产用具的消毒及更衣室门口消毒水的更换工作。

（5）负责哺乳母猪和仔猪的夜间补料工作，并做好值班记录。

（十二）水电工的工作职责

（1）保证全场水电的正常供应。

（2）无论水电何时出现故障，均应及时修好并恢复生产。

（3）保证全场各种电器的正常运转。

（4）负责全场水电设备与猪舍设备的维修及检修工作。

（5）负责全场水电的安全生产。

（十三）仓库管理员的工作职责

（1）严格遵守公司财务人员守则。

（2）物资进库时要办理验收入库手续。

（3）物资出库时要办理出库手续。

（4）所有物资要分门别类地堆放，做到整齐有序、安全、稳固。

（5）每月盘点 1 次，如账务不符的，要马上查明原因，分清职责，若失职造成损失要追究其责任。

（6）协助出纳员及其他管理人员工作。

（7）协助生产线管理人员做好药物保管、发放工作。

（8）协助猪场销售工作。

（9）负责饲料、药物、疫苗的保存与发放，听从生产线管理人员的技术指导。

（十四）出纳员（电脑操作员）的工作职责

（1）严格执行公司制订的各项财务制度，遵守财务人员守则，把好现金收支手续关，凡未经领导签名批准的一切开支，不予支付。

（2）严格执行公司制订的现金管理制度，认真掌握库存现金的限额，确保现金的绝对安全。

（3）做到日清月结，及时记账，输入电脑，协助公司会计的工作。

（4）每月 8 日发放工资。

（5）负责仔猪、淘汰猪等的销售工作，保管员要积极配合。

（6）配合生产管理人员物资采购工作。

（7）负责电脑工作，有关数据、报表及时输入电脑，协助生产管理人员的电脑查询工作，优先安排生产技术人员的查询工作。

（8）负责电脑维护与安全，监督和控制电脑的使用，有权禁止与电脑数据管理无关人员进入电脑系统，保障各种生产与财务数据的安全性与保密性。

（9）协助场长做好外来客人的接待工作。

（十五）运输人员的工作职责

（1）及时将各栋猪舍所需的饲料送到猪舍，并将各猪舍饲料空袋运回仓库。

（2）及时将各组所需药物运送到生产线药房。

（3）负责订购、收购及保管饲料。

（4）依据本场制定的调猪（后备猪、断奶仔猪）计划，按时、按量调完。

（5）按时准确地将死淘猪调到指定位置。

（6）每天定时将胎衣运到解剖室。

（7）及时将生产线猪粪池的猪粪运到外售粪池。

（8）每次调猪前后，均应对车辆进行消毒，平时每周一和周四进行车辆消毒。

（十六）厨房人员的工作职责

（1）按时提供卫生可口的饭菜。

（2）按时对饭堂及厨具进行清洁消毒。

（3）做好饭堂的灭蝇、灭蚊、灭鼠等工作。

（4）如因故需延迟下班的人员的饭菜要留足并保暖。

（5）随生产线工作时间的改变而改变开饭时间。

（6）食堂财务要公开，互相监督，不准营私舞弊，每月底结算一次伙食费，并交场长审阅，每月底将本月经营数据在黑板上公布。

（十七）保安人员的工作职责

（1）依法护场，负责猪场治安的保卫工作，确保猪场有一个良好的治安环境。

（2）服从场领导的工作安排，负责与当地派出所的工作联系。

（3）工作时间内不准离场，坚守岗位。除场内巡逻时间外，平时在正门门卫室值班。请假须报场长批准。

（4）禁止社会闲散人员进入猪场。

（5）协助场长调解猪场与当地村民的矛盾。

二、猪场的管理制度

（一）猪场的生产例会与技术培训制度

为了定期检查、总结生产上存在的问题，及时地研究解决方案；有计划地布置下阶段的工作，使生产有条不紊地进行；提高饲养人员、管理人员的技术素质，进一步提高全场的生产管理水平，特制定生产例会和技术培训制度如下。

1. 全体员工参加的生产会议

每月1次,该会由场长主持,每月的9日或10日晚上7:30开始,传达公司干部例会会议精神,总结本月经营状况、生产中存在的问题以及下个月的工作安排。

2. 生产线管理人员的生产例会

每周1次,总结本周工作,安排下周工作。该会由生产技术主管主持,时间为每周周日晚上7:00~8:30。

3. 每周生产例会的程序安排

(1) 组长汇报工作,提出问题。

(2) 区长汇报、总结本区工作,提出问题。

(3) 主持人全面总结上周工作,解答问题,统一布置下周的重要工作。

(4) 最后请场长讲话。

4. 对每周生产例会的要求

(1) 会前组长、区长和主持人要做好充分准备,重要问题要准备好书面材料。

(2) 对于生产例会上提出的一般性技术性问题,要当场研究解决,涉及其他问题或较为复杂的技术问题,要在会后及时上报、讨论研究,并在下周的生产例会上予以解决。

(3) 凡是生产线管理人员均要准时参加生产例会。

5. 技术培训

按生产进度或实际生产情况进行有目的、有计划的技术培训,由场内管理人员或公司生产技术部人员主讲。时间为每周周六晚上7:00~8:00。

(二) 猪场物资与报表管理制度

(1) 物资管理制度。首先要建立进销存账,由专人负责,物资凭单进出仓,要货单相符,不准弄虚作假。生产必需品如药物、饲料、生产工具等要每月制定计划上报,各生产区(组)根据实际需要领取,不得浪费。要爱护公物,否则按公司奖罚条例处理。

(2) 猪场报表。报表是反映猪场生产管理情况的有效手段，是上级领导检查工作的途径之一，也是统计分析、指导生产的依据。因此，认真填写报表是一项严肃的工作，各猪场场长、生产技术人员应予以高度的重视。各生产组长做好各种生产记录，并准确、如实地填写周报表，交给上一级主管，查对核实后，及时送到总部输入电脑。

猪场生产报表主要包括：①每周生产情况汇总报表；②种猪配种情况周报表；③分娩母猪及产仔情况周报表；④断奶母猪及仔猪生产情况周报表；⑤种猪死亡淘汰情况周报表；⑥肉猪死亡及上市情况周报表；⑦猪群盘点月报表；⑧猪群生产技术工作总结月报表；⑨饲料需求计划月报表；⑩药物需求计划月报表；⑪生产工具等物资需求计划月报表。

（三）猪场的卫生防疫制度

为了做好商品猪场的卫生防疫工作，确保养猪生产的顺利进行，向用户提供优质健康的仔猪，必须贯彻"预防为主，养防结合，防重于治"的方针，杜绝疫病的发生。

1. 猪场分生产区及非生产区

生产区包括养猪生产线、出猪台、解剖室、流水线走廊、污水处理区等。非生产区包括办公室、食堂、宿舍等。

2. 非生产区工作人员及车辆，严禁进入生产区

确有需要者，经场长批准，在规定范围内活动。

3. 生活区防疫制度

(1) 生活区大门应设消毒门岗，全场员工及外来人员入场时，均应通过消毒门岗，消毒池每周更换 2 次消毒液。

(2) 生活区及其环境每月初进行 1 次大清洁、消毒、灭鼠、灭蝇。

(3) 任何时候不得从场外购买猪肉、牛肉、羊肉及其加工制品入场，场内职工及其家属不得在场内饲养禽畜（如猫、狗）。

(4) 饲养员要在场内宿舍居住，不得随便外出；场内技术人员不得到场外出诊；不得去屠宰场、养猪户场（家）逗留。

(5) 员工休假回场隔离一夜或新招员工要在生活区隔离 1 天后，

方可进入生产区工作。

（6）做好场内环境绿化工作。

4. 车辆卫生防疫制度

（1）运输饲料进入生产区的车辆需彻底消毒。

（2）运猪车辆出入生产区、隔离舍、出猪台要彻底消毒。

（3）上述车辆司机不许离开驾驶室与场内人员接触，随车装卸工要同生产区人员一样更衣换鞋消毒。

5. 购销猪防疫制度

（1）从外地购入种猪，须经过检疫，并在场内隔离舍饲养观察30天，确认是健康猪，经冲洗干净并彻底消毒后方可进入生产线。

（2）出售猪只时，须经兽医临床检查无病的方可出场子，出售猪只只能单向流动，如质量不合格退回时，要做淘汰处理，不得返回生产线。

（3）生产线工作人员出入隔离舍、售猪室、出猪台时要严格更衣、换鞋、消毒，不得与外人接触。

6. 疫苗保存及使用制度

（1）各种疫苗要按要求进行保存，凡是过期、变质、失效的疫苗一律禁止使用。

（2）免疫接种必须严格按照公司制定的免疫程序进行。

（3）免疫注射时，不打飞针，严格按操作要求进行。

（4）做好免疫计划、免疫记录。

7. 更衣消毒

生产区工作人员进入生产线，必须经更衣室更衣、换鞋、脚踏、洗手消毒。消毒池每周更换2次消毒液，更衣室紫外线灯保持全天开状态。

8. 员工管理

生产线内工作人员不准留长指甲，男性员工不准留长发，不得带私人物品入内。

9. 猪舍消毒

生产线每栋猪舍门口、产房各单元门口设消毒池和消毒盆，并定期更换消毒液，保持有效浓度。

10. 制度完善的猪舍和猪体消毒制度

11. 杜绝使用发霉变质饲料

12. 对常见病做好药物预防工作

13. 做好员工的卫生防疫培训工作

（四）猪场的消毒制度及消毒方法

1. 消毒制度

（1）生活区。办公室、食堂、宿舍及其周围环境每月大消毒1次。

（2）售猪周转区。周转猪舍、出猪台、磅秤及周围环境每售1批猪后大消毒1次。

（3）生产区正门消毒，每周至少更换池水、池药2次，保持有效浓度。

（4）车辆。进入生产区的车辆必须彻底消毒，随车人员消毒方法同生产人员一样。

（5）更衣室、工作服。更衣室每周末消毒1次，工作服清洗时消毒。

（6）生产区环境。生产区路边及两侧5米范围内、猪舍间空地每月至少消毒2次。

（7）各栋猪舍门口消毒池与盆。每周更换池和盆的水与药至少2次，保持有效浓度。

（8）猪舍、猪群。配种怀孕舍每周至少消毒1次，分娩保育舍每周至少消毒2次。

（9）人员消毒。进入猪舍人员必须脚踏消毒池，手洗消毒盆消毒。

（10）未尽事宜参照猪场卫生防疫制度。

2. 消毒方法

消毒是指杀灭或清除停留在体外传播因素上的存活病原体，目的

是切断传播途径，借此预防、控制或消灭传染病。严格执行消毒制度、杜绝一切传染病来源，是确保猪群健康的一项十分重要的措施。工厂化养猪应根据不同的消毒对象采用不同的方法，通常以采用机械清扫和冲洗与使用各种化学消毒剂相配合。

（1）大门。大门入口处设消毒池，消毒池使用2%烧碱或1∶200农乐等，消毒对象主要是车辆的轮胎。设喷雾消毒装置，要求喷雾粒子为60~100微米，雾面1.5~2米，射程2~3米，动力10~15千克空气压缩机。消毒液采用1∶200农乐或1∶300消毒灵等，消毒对象是车身和车底盘。

（2）人员。工作人员进入各生产车间前，必须在更衣室内脱衣、洗澡（或淋浴），换上经过消毒的工作裤、工作帽和胶鞋，洗手消毒后方可进入车间。必须参观的人员，其消毒方法与工作人员相同，并须按指定路线进行参观。

（3）猪舍。在采用"全进全出"饲养方式的猪场，在进猪群前，空猪舍应以下列次序彻底消毒：①消除猪舍内的粪尿及垫料等；②用高压水彻底冲洗顶棚、墙壁、门窗、地面及一切设施，直至洗涤液清澈透明为止；③水洗干燥后，关闭门窗，用福尔马林熏蒸消毒12~24小时；④再用1∶200农乐或2%烧碱消毒1次，24小时后用净水冲去残药，以免毒害猪群；⑤用火焰枪彻底消毒1次。

（4）饲养管理用具。料槽及其他用具需要每天洗刷，定期用1∶200农乐或0.1%新洁尔灭消毒。

（5）走廊过道及运动场。定期用2%烧碱或1∶300消毒灵消毒。

（6）猪体。用0.1%新洁尔灭、2%~3%来苏儿或0.5%过氧乙酸等进行喷雾消毒，喷雾颗粒要求50~100微米，射辐1~2米，射程10~15米。

（7）产房。地面和设施用水冲洗干净，干燥后用福尔马林熏蒸24小时，再用烧碱或消毒灵等消毒1次，事毕用净水冲去残药，最后用10%碳乳粉刷地面和墙壁。母猪进入产房前全身洗刷干净，再用0.1%新洁尔灭消毒全身后进入产房。母猪分娩前，用0.1%高锰酸钾溶液消毒乳房和阴部。分娩完毕，再用消毒水抹拭乳房、阴部和后躯。清理胎衣，整理好产房，母猪产出的仔猪，断牙、断尾、剪耳编号，注射铁剂，并按强弱安排好乳头。同时应严格控制产房温度，使其符合规定的要求。

（五）猪场的兽医临床操作规程

为确保猪场正常生产，更有效地降低猪群的发病率和死亡率，减少疾病造成的损失，不断促进猪场疫病防治工作的规范化、科学化，逐步提高饲养人员、技术人员的兽医临床操作技术水平，特制定本规程，请各生产线人员认真执行。

（1）执行猪场卫生防疫制度的有关内容。

（2）注意观察猪群健康状况，及早发现病猪并及时采取治疗措施，严重疫情要及时上报。

（3）做好病猪病志、剖检记录和死亡记录，经常总结临床经验和教训。

（4）兽医人员要根据猪群情况科学地提出防治方案，并监督执行。

（5）按时提出药品采购计划，并注意了解新药品、新技术。

（6）注意了解和调查本地区疫情，掌握流行病的发生与发展等有关信息，及时提出合理化建议，并提出相应的综合防治措施。

（7）一旦发生疫情或受到周围疫情威胁，猪场要及时采取紧急封锁等自卫措施，全体员工要绝对服从猪场发布的封锁令。

（8）正确保管和使用疫苗、兽药，有质量问题或过期失效的一律禁用。

（9）病死猪有专车运到腐尸池处理；解剖病猪在腐尸池解剖台进行，操作人员消毒后才能进入生产线；每次剖检写出报告且存档。临床检查、剖检不能确诊的，要采取病料化验。

（10）残次、淘汰、病猪要经兽医鉴定后才能决定是否出售。

（11）定期检疫，严格按猪场免疫程序进行免疫接种。

（12）注射疫苗时，仔猪1栏换1个针头，种猪1头换1个针头，病猪不能注射,病愈后及时补注。

(13)做好驱虫工作。断奶猪头1周内驱虫2次,后备猪配种前驱虫1次,母猪临产前驱虫1次(产前1周),公猪半年驱虫1次。

(14)免疫和治疗器械用后消毒,不同猪舍不得使用同一注射器。

(15)接种活菌前后1周禁用各种抗生素。

(16)严格按说明书或遵兽医嘱托用药,注意给药途径、剂量、用法要准确无误。

(17)有毒副作用的药品要慎用,注意配伍禁忌。

(18)用药后,观察猪群反应,出现异常不良反应时要及时采取补救措施。

(19)药房要专人管理,备齐常用药。库存无货要提前1周提出采购计划。注意疫苗、药品的保管要求和条件,避免损失浪费。接近失效的药品要先用或及时调剂使用,各猪舍取药量不得超过1周用量。

(20)制定严格的消毒制度。

(21)建立健康猪群,引入种猪要检疫并隔离饲养观察至少1个月。

(22)及时隔离病猪、处理死猪。污染过的栏舍、场地要彻底消毒。各舍要设1~2个病猪专用栏。

(23)加强饲养管理,严格按技术操作规程细则进行日常工作。提高猪的抗病能力。

(24)预防中毒、应激等急性病,发现时及时治疗。

(25)及时将猪群疫病情况反映给饲料厂,以便有计划地进行药物添加预防。

(26)对病猪必须做必要的临床检查,观察食欲、精神、粪便,测量体温、呼吸、心率等,然后做出正确的诊断。

(27)诊断后及时对症用药。

(28)及时治疗僵猪,配方采用肌苷加维生素B_1,连用7天,治疗前驱虫、健胃。

(29) 久治不愈或无治疗价值的病猪及时淘汰。

(30) 饲养员要熟练掌握肌肉注射、静脉注射、腹腔补液、去势手术、难产助产等操作技术。

(31) 大猪治疗时采取相应的保定措施。

(32) 对仔猪黄白痢等常见病要有目的地进行对照治疗，定期做药敏试验。有计划地进行药物预防。

(33) 对猪场有关疫情、防治新措施等技术性资料，要妥善保管。

(34) 经常性地做好猪群的保健工作。

（六）猪群的保健

小规模养猪是以先进科学技术的高度集成作保障，利用有限的空间进行大规模生产。猪只数量多、密度大，一旦感染急性败血症型传染病（如猪瘟）和慢性消耗性疾病（如猪喘气病等），则难以控制，轻则导致猪只生长缓慢、饲料利用率低，重则造成大批死亡，使猪场遭受巨大的经济损失。因此，小型猪场的疫病防治和猪群保健技术的研究和应用，是保证养猪顺利发展的关键之一。小规模养猪必须坚持"预防为主"的方针，重点做好以下几个方面的工作：

(1) 建立小型猪场的兽医操作规程。

(2) 严格执行消毒制度。

(3) 制定规范的卫生防疫制度。

(4) 建立种猪、商品猪免疫程序。

(5) 加强饲养管理。

(6) 建立合理的寄生虫驱防方案和种猪保健计划。

(7) 严格按照饲养操作规程进行生产。

(8) 强化管理，用制度来抓落实。

（七）种猪的淘汰原则

(1) 后备母猪引入场后，经隔离观察符合淘汰原则的。

(2) 后备母猪超过 8 月龄以上不发情的。

(3) 后备公猪超过 10 月龄以上不能使用的。

(4) 公猪连续 2 个月（4 周 5 次精液指标法）精液指标不合格的。

（5）断奶母猪 2 个情期以上不发情的。

（6）母猪连续 2 次、累计 3 次怀孕期习惯性流产的。

（7）母猪配种后复发情连续 2 次以上的。

（8）后备猪有先天性生殖器官疾病的。

（9）青年母猪头胎和 2 胎活仔窝均 6 头以下的。

（10）经产母猪累计 3 次产活仔窝均 6 头以下的。

（11）经产母猪连续 2 次、累计 3 次哺乳仔猪成活率低于 60%，以及泌乳能力差、咬仔、经常性难产的母猪。

（12）发生普通病连续治疗 2 个疗程而不能痊愈的猪。

（13）发生严重传染性病的种猪。

（14）经产母猪 9 胎次以上的。

（15）由于其他原因而失去种用价值的种猪。

（16）久治不愈的僵猪和残次仔猪。

（17）发生难产，经处理而排除不了的母猪。

（18）发生胃肠大面积出血的猪。

第五章 猪的饲养管理

一、种公猪的饲养管理

种公猪的饲料严禁有发霉变质和有毒饲料混入。饲料要有良好的适口性,以保证每天的采食量。此外,注意日粮的体积不能过大,防止公猪因腹大或营养摄入不足而影响配种。饲喂方式以湿拌料日喂3次为宜。

种公猪除与其他猪一样应该生活在清洁、干燥、空气新鲜、舒适的生活环境条件中以外,还应做好以下工作。

(一)建立良好的生活制度

饲喂、采精或配种、运动、刷拭等各项作业都应在大体固定的时间内进行,利用条件反射养成规律性的生活制度,便于管理操作。

(二)分群

种公猪可分为单圈和小群两种饲养方式,单圈饲养单独运动的种公猪可减少相互爬跨干扰而造成的精液损失,节省饲料。小群饲养种公猪必须是从小合群,一般2头一圈,最多不能超过3头。小群饲养合群运动可充分利用圈舍,节省人力,但公猪利用年限较短。

(三)运动

加强种公猪的运动可以促进食欲、增强体质、避免肥胖、提高性欲和精液品质。运动不足会使公猪贪睡、肥胖、性欲低、四肢软弱且易患肢蹄病,影响配种效果,所以每天应坚持让种公猪运动,种公猪除在运动场自由运动外,每天还应进行驱赶运动,上下午各运动1次,每次行程2千米。夏季可在早晚凉爽时进行,冬季可在中午运动1次。有条件的可利用放牧代替运动。目前在一些工厂化猪场种公猪没有运动条件,不进行驱赶运动,所以淘汰率增加,种用年限缩短,一般只利用2年左右。

(四)刷拭和修蹄

每天定时用刷子刷拭猪体,热天结合淋浴冲洗,可保持皮肤清洁卫生,促进血液循环,少患皮肤病和外寄生虫病。这也是饲养员调教公猪的机会,使种公猪温驯听从管教,便于采精和辅助配种。

要注意保护猪的肢蹄，对不良的蹄形进行修蹄，蹄不正常会影响活动和配种。

（五）定期检查精液品质和称量体重

实行人工授精的公猪，每次采精都要检查精液品质。如果采用本交，每月也要检查1~2次精液品质，特别是后备公猪开始使用前和由非配种期转入配种期之前，都要检查精液2~3次，严防死精公猪配种。种公猪应定期称量体重，检查其生长发育和体况。根据种公猪的精液品质和体重变化来调整日粮的营养水平和饲料喂量。

（六）防止公猪咬架

公猪好斗，如偶尔相遇就会咬架。公猪咬架时应迅速放出发情母猪将公猪引走，或者用木板将公猪隔离开，也可用水猛冲公猪眼部将其撵走。应预防咬架，如不能及时平息，会造成严重的伤亡事故。

（七）防寒防暑

种公猪最适宜的温度为18~20℃，冬季猪舍要防寒保温，以减少饲料的消耗和疾病发生。夏季高温时要防暑降温，高温对种公猪的影响尤为严重，轻者食欲下降、性欲降低，重者精液品质下降，甚至会中暑死亡。

二、种母猪的饲养管理

（一）空怀母猪的管理

断奶后的母猪可根据膘情分群饲养，对瘦弱的猪要单独补饲复壮，每圈4~5头。饲养员要认真观察母猪发情表现，在实践中掌握好发情规律，严防漏配。饲养员每天早、中、晚3次寻查发情猪只，并做好标记，协助配种员做好配种工作。每天上下午各清扫1次圈舍，平常认真训练母猪定点排粪尿，安装饮水器的一侧为排泄区，对非排粪区的粪尿要及时清扫。

空怀期是指正常断奶到配种前这段时期。母猪断奶后1周左右可发情配种。这阶段饲料选择和控制不当，会影响母猪的繁殖周期。空怀母猪一般在断奶后1~3天出现断奶应激，容易引起乳房炎、高烧

等病症。此时，断奶母猪的肥瘦控制和饲喂料量的结合相当重要。每天2餐，定量饲喂，绝不能任其自由采食而引起上述病症。饲料的选择亦不能突然改变，应选择市面上销售的大猪料或空怀料，断奶后3天内，将哺乳料逐渐换成空怀料或大猪料，适量增加麸皮和多汁青饲料。

（二）妊娠母猪的饲养管理

饲喂妊娠母猪的主要目的是保证胎儿在母体内顺利着床得到正常发育，防止流产，提高配种分娩率，确保每窝都能生产尽可能多的、健壮的、生命力强的、初生重大的仔猪，让母猪保持良好体况，为哺乳期贮备泌乳所需的营养物质。

1. 妊娠母猪的饲养阶段

针对母猪在妊娠不同时期不同的生理特点及对日粮的不同需求，通常把母猪分成4个阶段饲养与饲喂。

（1）已配待查母猪。指配种1~3周的母猪，此时是受精卵着床期和胚胎器官的形成分化期。母猪对日粮的营养水平不是很高，但对饲粮质量要求很高，母猪要严格控制饲喂量，饲粮不能过多，每天1.8~2.5千克。摄入的能量过高，会增加胚胎的死亡。不宜对母猪频繁调圈，否则影响受精卵着床，也容易产生畸形胎儿。

（2）妊娠前期母猪。配种后22~88天，母猪处于维持期，此时母猪饲粮每天2~2.5千克，要求保持中等膘情即可。

（3）妊娠后期母猪。配种后89~107天，此时是胎儿生长发育最快期，母猪饲粮每天应增加至2.5~3千克，保证出生胎儿体大健康。

（4）围产期母猪。配种后108天至产仔，此时应每天递减饲喂量，降低胃肠道对产道的压力，保证母猪顺产。

2. 妊娠母猪对日粮的要求

要求日粮为质高均衡的全价饲料，尤其是对氨基酸的供应，并且配合青绿饲料最好。注意饲料的发霉变质，发霉饲料原料应废弃。

3. 妊娠母猪对环境的要求及习惯

猪比较喜好干净卫生的环境。要求饲养人员首先要抓好母猪的定位工作,让它定点排粪尿,日后母猪会养成很好的卫生习惯,可减少疾病的发生。猪是群居性动物(公猪要单饲),每头猪躺卧占地面积1.5米^{2}左右,每个圈舍饲养3~4头,每头猪要有足够的休息空间。母猪分群饲养时,要大小分开,强弱分开,病残猪只单独饲养,以避免饲喂时争食、打架、相互咬伤等。猪喜凉怕热,妊娠母猪适宜的温度为10~28℃。由于母猪体脂较高,汗腺又不发达,外界温度接近体温时,母猪会忍耐不了,出现腹式呼吸,同时体内胎儿得不到充足的氧,出现流产、死胎,木乃伊胎增加。定期通风换气,降低舍内氨气、甲烷等有害气体的浓度;尤其是冬季,通风换气与保温相矛盾,往往忽略了通风换气工作。

4. 日常管理

饲养人员除做好饲喂工作外,还应每天清除圈舍粪便,保持圈舍卫生清洁,观察母猪粪便有无异常,哪头母猪出现了问题,要及时给予治疗;拉干粪的母猪,要喂些青绿饲料或健胃药物。同时要勤观察母猪是否有流产痕迹,对有返情的母猪要及时调出,避免爬跨其他母猪,造成不必要的机械流产;母猪耳标有脱落的要及时补打;母猪有外伤的及时隔离治疗;围产期母猪是否有产仔的迹象;饮水器是否有水;食槽、水管、圈栏、地面、漏粪板有破损的要及时调圈修理;设备是否能正常运行;观察舍内温度、湿度情况,要定期通风换气;观察舍内粪沟贮粪情况,及时抽粪排出;舍内物品要摆放整齐;舍门口消毒脚池每天更换1次消毒液,做好常规带猪消毒工作;保证公猪的刷拭训练及运动;做好本段舍外场区的卫生等。

(1)消毒工作。妊娠母猪常规每周带猪消毒3次,采取隔日消毒。消毒药物有氯制剂、酸制剂、碘制剂、季铵盐类、甲醛、高锰酸钾等。老场要求用强消毒剂,季铵盐类消毒剂多用于母猪上床清洗及新场的日常消毒。带猪消毒切忌浓度过大,一定要按标准配制消毒液。带猪要喷雾消毒,消毒要彻底,不留死角。空舍净化消毒,要求达到终末消毒,净化程序为:清理—火碱闷—冲洗—熏蒸—消毒剂消毒。

(2)免疫工作。妊娠期的母猪防疫一定要考虑母猪对疫苗的反

应。比如：母猪对口蹄疫疫苗（尤其是亚Ⅰ型口蹄疫疫苗）的反应就很明显。免疫后体温升高、不进食等，建议对刺激性强的疫苗，后期母猪要推迟免疫，待产后补免。有的疫苗注射后，个别猪只甚至出现休克死亡，要求免疫后饲养人员要勤观察，发现问题及时汇报兽医人员，并辅助兽医人员及时抢救，减少损失。

饲养妊娠母猪，要求饲养人员要温和、耐心、细致，不要打骂惊吓母猪，培养母猪温顺的习惯，以利于泌乳阶段带好仔猪。

饲养好妊娠母猪是一个猪场保持正常生产的重要环节，只要把各项工作做到位，"她"就会给我们带来丰厚的回报！

（三）哺乳母猪的饲养管理

泌乳在整个繁殖周期中尤为重要，其主要目的是哺育出大量健康又强壮的仔猪。泌乳母猪需要积累消耗一定的体贮来获取维持和泌乳的能量需求。体贮过度损失会显著降低体重，导致断奶到重新交配的时间延长，妊娠率降低并易被提前淘汰。因此，应采取特殊的措施以确保泌乳期间正确的饲喂。

母猪在泌乳期要大量采食，以获得最大产奶量，产奶量的提高也会增加哺乳仔猪的生长速度。因此在生产实践中，必须围绕增加泌乳母猪的采食量、增加饲料营养浓度上下功夫，通过维持母猪泌乳期间高水平的采食量，减少母猪体和背膘的损失，增加产奶量，提高仔猪的生长速度，减少仔猪死亡率，提高母猪以后的繁殖性能。

1. 提高母猪泌乳期间饲料采食量的方法

（1）减少妊娠期间的母猪采食量。这是因为有研究结果表明，母猪泌乳期间的饲料采食量和妊娠期间的饲料采食量呈负相关。妊娠期间的饲料采食量越多，泌乳期间的食欲越低，实践中为增加母猪采食量，常添加甜味剂、香味剂等调味剂。

（2）增加泌乳期间母猪日粮蛋白水平。母猪在泌乳期所食日粮蛋白水平越低，则日采食量减少。在实践中泌乳母猪日粮中粗蛋白含量不低于15%（赖氨酸0.7%）。

（3）增加饲料中的能量含量，添加植物脂肪2%~4%。

（4）增加投喂次数。采取自由采食，以每天 3 餐为宜。

（5）用湿拌料投喂。

（6）自由饮水。

（7）控制环境条件。

夏天要采取水帘、风扇等措施降低室温，但要避免水滴散落在初生仔猪身上。

2. 确保泌乳母猪营养需要

泌乳母猪能量需要与怀孕母猪相似。它的水平依母猪体况、窝产仔数和仔猪生长率而改变。而日粮中营养浓度为 14.24 兆焦/千克，粗蛋白水平不低于 16%，母猪日粮中氨基酸基本平衡，氨基酸需要最主要的是赖氨酸。日粮中赖氨酸水平必须参照母猪的性能水平来加以确定。窝产仔较少的母猪，对赖氨酸需要量小于窝产仔数较多的母猪，因为母猪窝产仔数较少时其泌乳量也较少。必须根据母猪的生产性能水平和采食量来确定其日粮应含多高水平的赖氨酸。大致的规律是，一头母猪为每千克窝仔猪需要 26.2 克赖氨酸，一般情况下猪日粮中赖氨酸水平以 0.8%~0.9% 为宜。维生素和矿物质，按营养需求供应，在实践中通常增加维生素 C 的添加。

三、仔猪的饲养管理

（一）哺乳仔猪的饲养管理

哺乳仔猪的饲养管理主要是抓"三食"（乳食、开食、旺食），过"三关"（初生关、补料关、断奶关）。

1. 抓好乳食，过好初生关

（1）做好接生工作，防止仔猪被压死、冻死或难产而死，降低仔猪出生死亡率。

（2）出生 24 小时内剪犬齿和尾巴，防止咬伤母猪乳头、咬尾和互相咬架，影响哺乳和猪的安全。

（3）固定乳头，吃好初乳。初乳中蛋白质含量高，维生素丰富，又含有免疫抗体和镁盐等。初乳除将母体的抗体传递给仔猪而增强仔

猪抵抗力外，还具有轻泻性，促进胎粪排泄，初乳中的各种营养物质在仔猪的小肠内几乎全被吸收，有利于仔猪生长。

（4）初生仔猪开始吃奶时，往往争抢乳头，为了使同窝猪生长均匀和健壮，应在仔猪生后2~3天内由人工扶助采取扶弱抑强的办法，让仔猪吸吮固定的乳头，尽量把弱小仔猪固定在前几对乳头。

（5）防冻、防压、防病。母猪在冬春季节分娩造成仔猪死亡的原因主要是冻死或被母猪压死，因此要加强护理，做好保温、防压工作十分重要。

（6）防病。主要是预防仔猪黄痢、白痢，多见于产后3~5日龄和15~20日龄。防治黄痢、白痢，一般可采用链霉素、庆大霉素、诺氟沙星等。

2. 抓开食，过好补料关

（1）补铁，防贫血。仔猪出生时体内贮存的铁约50毫克，每天生长需7毫克，而仔猪每天从母乳中仅能获得1毫克，如果得不到补充，一般10日龄前仔猪就会因缺铁而出现食欲减退，被毛蓬乱，生长停滞，白痢甚至死亡。一般在仔猪出生后3天内每头注射100~200毫克铁剂。

（2）补硒。仔猪出生3天内和断奶时，分别给每头仔猪注射0.1%亚硒酸钠溶液0.5~1.0毫升，防止僵猪和断奶后患水肿病、白肌病。补硒可和补铁同时进行，一般注射铁硒合剂。

（3）水的补充。仔猪生长迅速，代谢旺盛，需要水量较多，因此从3~5日龄起要补充饮水。

据试验，用含盐酸0.8%的水给3~20日龄的仔猪饮用（20日龄后改用清水），有补胃液分泌不全、消化胃蛋白酶的功效，可提高仔猪断奶体重。

（4）及时补料。一般在仔猪7日龄开始补料，方法是在干燥清洁的木板上放少许料，待开始采食后换放料槽中。开始补料时，一定要按"少喂勤添"的原则，每天饲喂4~6次。及时补料的目的是促进仔猪胃肠道发育，解除仔猪牙床发痒，降低断奶后吃料的应激。

3. 抓旺食，过好断奶关

母猪的泌乳量在分娩后 21 天达到高峰，此后逐渐下降，而乳猪所需要的营养是不断增加的，21 天后母乳无法满足乳猪的营养需要，所以必须尽可能多地让乳猪采食全价配合饲料。乳猪饲料要求营养高且易消化。

（二）保育仔猪的饲养管理

（1）仔猪断奶后最好留原圈饲养 1 周，使之在哺乳舍逐渐适应生育期的饲料，以减少断奶应激。仔猪转群到保育舍后，必须做到原饲养制度不变和原饲料不变，以减少环境变化引起的应激。也就是说，饲料不变，每天仍然饲喂 4~6 次。每次投放不能太多，尽量保持饲料新鲜。

（2）仔猪刚转群到保育舍时，最好供给温开水，并加入葡萄糖、钾盐、钠盐等电解质或维生素、抗生素等药物，以提高仔猪抗应激能力。仔猪进入保育舍 3~5 天后，由于已进入旺食期，可能会开始出现抢食现象，这时应增加饲喂量和饲喂次数，但也应注意防止暴食出现消化不良。

（3）仔猪转群到保育舍后，保育栏内温度在 2~3 天内升高到 28~30℃，3 天后即调节至 26℃，以后按每周 2℃的降幅逐渐降低到 10 周龄的 21℃（这样有利于减轻转群的应激）。栏内应有温暖的睡床，以防小猪躺卧时腹部受凉。同时要注意防止贼风（舍内风速低于 0.25 米/秒），保持舍内干燥（相对湿度 50%~75%）、温暖和空气清新（氨气浓度低于 26 微升/升）。

（4）保育舍猪栏原则上不提倡作太多的冲洗，对粪便按从小龄猪猪栏到大龄猪猪栏，从健康猪猪栏到病猪猪栏的顺序直接干清扫，而且每个饲养单元清洁工具不能混用。

（5）做好保育仔猪的免疫工作。各种疫苗的免疫注射是保育舍最重要的工作之一，在注射过程中，一定要先固定好仔猪，才在准确的部位注射，不同类的疫苗同时注射时要分左右两边注射，不可打飞针；转栏仔猪要挂上免疫卡，记录转栏日期、注射疫苗情况，免疫卡

随猪群移动而移动。此外，不同日龄的猪群不能随意调换，以防引起免疫工作混乱。

（6）防止传染病的发生。对于大部分传染病来说，保育猪是个非常敏感的环节，所以留心猪群的状态，及时发现病猪相当重要。一群猪中个别猪只离群、精神呆滞，多为有疾病发生，如测量发现其体温升高的话，则可能感染上了病菌，应立即肌肉注射抗生素和使用退烧针，严重的应向上报告。突然死亡的猪只应进行解剖诊断。

四、生长育肥猪的饲养管理

（一）合理分群

育肥猪一般采用群饲，这样既能充分利用猪舍建筑面积和设备，提高劳动生产率，降低养猪成本，又可利用猪群同槽争食，增进食欲，提高增重效果。

分群时必须并窝，并窝应根据猪的生活特性，实行留弱不留强、拆多不拆少、夜并昼不并的办法。一般在固定圈内饲养，每群以10~20头为宜。在舍内饲养、舍外排粪尿的密集饲养条件下，每群以40~50头为宜。

（二）合理调制饲料

1. 以颗粒配合饲料为主

现代养猪以颗粒配合饲料为主。颗粒料优于干粉料，干粉料、湿拌料和稠粥料优于稀汤料。

2. 合理选用预混料或浓缩料

可根据场内设备、人员及当地原料情况（种类、价格）等合理选用 4%、1%、0.5% 预混料或浓缩料给饲。在配制时注意选优质玉米、豆粕、麸糠等能量饲料，且按推荐比例拌匀后方可投喂。

3. 饲喂方式

饲喂方式有自由采食和限制饲养两种。一般来讲自由采食日增重高，沉积脂肪多，饲料利用率低；限制饲喂饲料利用率高，胴体背膘较薄，但日增重较低。有些猪场采用前促后控饲养法，即前期（猪体重 60 千克以下）利用猪主要长瘦肉的生长发育阶段，采用自由采食法；后期（猪体重 60 千克以上）利用猪脂肪生长快的阶段，实行限制饲养，以控制脂肪的生长，从而提高胴体瘦肉率。

4. 饮水

猪吃进 1 千克饲料需要水 2.5~3.0 升才能保证饲料的正常消化和代谢。在夏季应加大饮水的供给量。

5. 居住环境

（1）卫生。圈舍要保持清洁卫生，要调教养成采食、排泄、睡卧习惯。

（2）温度。育肥猪的适宜温度为 15~23℃。

（3）光照。育肥猪舍内光照应暗淡，以使猪能得到充分的休息。

五、后备种猪的饲养管理

（一）后备种猪的饲养

在猪体重 90 千克以前，应让后备种猪自由采食，小于 60 千克时应饲喂小猪料，在 60~90 千克阶段可饲喂中猪料。当体重达到 90 千克后，应采用限制采食的饲养方式，后备公猪可饲喂公猪料或哺乳母猪料，每天限量 2.2~2.5 千克，避免过肥；母猪饲喂怀孕母猪料，每天限量 2.2~2.5 千克。

每天必须保持适量的运动，特别是大白后备猪更应注意加强运动，保持适中体况，防止种猪因过肥或过瘦而影响繁殖性能。公猪 5 月龄后开始实行单栏饲养，防止相互打架；母猪可小群饲养，4~6 头为 1 栏，每头后备母猪应有 2 米^2 的活动空间，并定期驱赶公猪进行诱情。

要做好种公猪的清洁卫生工作，最好用刷子经常刷拭猪体皮毛，夏天经常洗澡，使猪体洁净舒适，促进新陈代谢。

公猪可在 7 月龄进行配种和采精调教，在精液检查合格的情况下，8~10 月龄开始初配；母猪在 8 月龄、体重达 110 千克以上（英系大白种猪在 10 月龄、体重 130 千克以上），约第三个情期进行配种，首次发情一般不宜配种。

(二)后备种猪的健康管理

及时淘汰病残和治疗效果不佳的后备猪;发现生长缓慢、皮肤苍白、被毛粗乱、眼睛有大量分泌物的种猪应淘汰。

配种前1个月应完成乙型脑炎、细小病毒等疫苗的注射。

新引进的种猪隔离期间应驱虫,可在到场2~3周后驱虫1次。后备种猪在驱除体内外寄生虫后方可转入配种舍使用,配种前4周应驱虫1次,可使用毒性较低的多拉霉素(如辉瑞"通灭"),也可在饲料中添加伊维菌素等广谱驱虫剂,如腾骏"肯维灭"(主要成分为伊维菌素、芬苯达唑和增效剂)按350克/吨加入饲料中,连喂1周,连续2次饲喂,每次间隔7~10天,能有效地控制猪体外寄生虫病的发生。

药物控制措施:净化后备猪体内的病原体,提高抗病力,控制支原体肺炎以及放线杆菌胸膜肺炎、链球菌等细菌性疾病,防止继发感染和病原体从后备猪传给下一代仔猪。切断疾病的垂直传播。使用药物进行防治时应注意选用安全、毒性小的药物,不使用禁用药物,如氯霉素等;尽量少用易产生残留的药物,如四环素类(金霉素、土霉素等),少用对人体有毒性作用的药物,如氯霉素、磺胺类等。可使用经证明效果较好的诺华"支原净"和腾骏"加康",可在后备猪饲料中加入支原净100毫克/千克+金霉素300毫克/千克,或成本较低的"加康",按每吨饲料200~300克添加,每月添加1周,直喂至配种;对长期存在各类综合征、胸膜肺炎放线杆菌、萎鼻、关节炎的猪场,可使用加康,饲料中按加康400克/吨+阿莫西林150~200克/吨添加。

六、猪的配种技术

(一)配种舍的工作目标

(1) 按生产计划完成每周的配种任务,保证全年均衡生产。

(2) 配种分娩率达到85%以上。即以配100头母猪计算,从配种到母猪分娩,确保85头母猪进产房分娩。其中,在母猪妊娠过程中（114天内），因返情、流产、空怀、因病淘汰、死亡、难产等原因引起未分娩母猪不超过15头。

（3）保证胎均产活仔9.5头以上，随着饲养管理水平提高，可要求每胎产活仔达到10头。

（4）保证转入基础群的后备猪合格率在90%以上。后备母猪引入场后，经饲养观察鉴定，由于患病、肢蹄损伤、无种用价值、僵猪等原因而淘汰5%。转入生产线后，由于返情、不发情、习惯性流产、因病死亡和淘汰等原因淘汰3%~5%。在做后备猪引进计划时，提前2个月引入，按生产需求量超10%引入后备母猪。

（5）保证种猪平均使用年限，公猪2年，母猪在3.5年以上。

（6）保证母猪群合理的胎龄结构，平均产历4胎左右。结构较合理的母猪群应为：1~3胎母猪数占30%~35%，3~6胎母猪数占60%，7胎以上的母猪数占5%~10%。

（7）全场母猪更新率为25%~35%，公猪为50%。第一、第二年度为10%~15%（按全场满负荷生产的计划）。

（二）试情和发情鉴定

每天进行发情检查，每天上午、下午各1次，每次30分钟，有试情公猪在场，互相轮查，做好记录。

每天进行怀孕猪检查。每天上午、下午各检查1次，特别是在配种后21天和43天左右，查妊娠猪的返情、流产和空怀情况。

1. 安排好断奶母猪试情并合理分群

母猪断奶后一般在3~7天开始发情，此时要做好母猪的发情鉴定和公猪的试情工作。母猪发情稳定后才可配种，不要强配。母猪临断奶前3天开始限料以防发生乳房炎，断奶当天不喂料，断奶后母猪赶到运动场，自由活动1~2天，第三天赶回大栏，要注意强弱分群，自由采食。第四天用公猪试情（早、晚各1次，每次5~10分钟），待有部分母猪有发情表现时，把母猪赶到定位栏饲喂（这样可以减少母猪相互爬跨造成的肢蹄病，同时有利于母猪的发情鉴定），第五和第六天，每天赶公猪到定位栏试情，到第六和第七天，有80%~85%的母猪配种效果很好,到第十天有95%的母猪完成配种。

2. 安排好后备母猪试情

(1)后备猪选留后,适当控料,不使母猪过肥或过瘦(以5分评分,达到2.5~3.5分为标准),配种前3周开始,每头每天喂料2.2~3.5千克。

(2)后备母猪通常小群栏养(每栏4~8头),到场后的后备母猪先自由采食,再限制饲养1个月,最后优饲半个月参加配种。

(3)后备母猪在第一个发情期开始,采取短期控料与催情相结合的方法,达到同期及早发情的目的。

(4)刺激母猪发情的方法有:调圈与不同的公猪接触试情,尽量靠近发情的母猪,进行适当的运动,必要时注射孕马血清和绒毛膜促性腺激素等催情。

(5)后备母猪配种前驱除体内外寄生虫1次,进行疫苗注射。

(6)仔细观察初次发情期,并做好记录。

(7)后备母猪的配种必须在年龄达到8月龄以上,体重达到110千克以上,且最好在第三次发情时进行。

3. 发情鉴定

根据发情表现,做好发情母猪耳号、栏号记录,以便配种。发情的具体表现有以下几点:

(1)阴户红肿,阴道内有黏液性分泌物。

(2)在圈舍内来回走动,频频排尿。

(3)神经质,发呆,站立不动。

(4)食欲差或完全废绝。

(5)压背静立不动,互相爬跨或接受公猪爬跨。

(6)有的发情不明显的,可用不同公猪试情,若接受爬跨的一般可判定为发情。

(三)配种过程

1. 配种程序和次数

配种程序一般为先配断奶母猪,再复配,后配后备母猪和空怀母猪。后备母猪采用 2 次本交和 1 次人工授精方式。断奶母猪和空怀母猪采用 1 次本交和 2 次人工授精的方式。参照"老配早，少配晚，不老不少配中间"的原则，采用杂交多重复配种方式，经产母猪间隔 12~24 小时，后备母猪间隔 12 小时。高温季节宜在上午 8：00 前或下午 5：00 后进行配种。

2. 本交辅助配种

配种前母猪后躯、外阴，公猪腹部、包皮及公猪、母猪的身躯应清洁消毒。将母猪赶到公猪栏内宽敞处，当公猪爬到母猪身上后，用手将公猪阴茎对准母猪阴门，使其插入，注意不要让阴茎打弯。

3. 观察交配过程

保证配种质量，射精要充分（表现是公猪尾根下方肛门括约肌有节律收缩，力量充分）。每次交配射精 2~3 次，有精液从阴道倒流。整个交配过程不得人为干扰或粗暴对待公猪、母猪。确定母猪发情而又不接受爬跨时，应更换 1 头公猪或采用人工授精。母猪配完后要按压其背部，令其轻轻走动，不让精液倒流。配种完的公猪、母猪不能冷水淋浴。公猪配种后不宜马上剧烈运动，也不宜马上饮水。

（四）人工授精概况

1. 适宜的输精时间

断奶后 3~7 天发情的母猪，出现站立反射后 6~12 小时进行首次输精。后备母猪和断奶后 7 天以上发情的经产母猪，出现站立反射后立刻输精。输精前需要检查精子活力，活力低于 0.6 的精液不得使用。

2. 具体操作

（1）准备好输精栏、0.1% 高锰酸钾、消毒水、清水、抹布、精液、剪刀、针头及干燥清洁毛巾等。

（2）先用消毒水清洁母猪外阴周围、尾根，再用清水洗去消毒水，抹干外阴。

（3）将试情公猪赶至待配母猪前面（发情鉴定后，公猪、母猪不可再见面，直至输精），使母猪在输精时与公猪有口鼻接触。输完几头更换 1 头公猪，以提高母猪的兴奋度。

（4）从密封袋中取出无污染的一次性输精管（手不得触摸其前2/3部），在前端涂上对精无毒的润滑油。

（5）将输精管斜向上45°缓慢插入母猪生殖道内（谨防插入尿道内），当输精管插入10~15厘米后，转成水平。当插入25~30厘米时，会感觉到有阻力，此时输精管顶部已到子宫颈口（螺旋头式输精管要求旋转插入），用手将输精管左右旋转，顶部进入子宫颈第二至第三皱褶处，直至感觉其前端被子宫锁定为止（轻轻回拉不动）。

（6）从储存箱内取出精液，确认标签正确。

（7）小心摇匀精液，剪去瓶嘴，将精液瓶接上输精管，开始输精。

（8）轻压输精瓶，确认精液能流出。为了便于精液被吸入子宫，可用针头在瓶底扎一小孔，按摩母猪乳房、外阴或压背，使子宫产生负压将精液吸纳，决不允许将精液挤入母猪生殖道内。

（9）通过调节输精瓶的高低来控制输精时间，一般3~5分钟输完，最快不低于2分钟，防止吸太快，倒流也快。

（10）输完后在防止空气进入母猪生殖道的情况下，将输精管后端折起塞入输精瓶中，让其留在生殖道内慢慢滑落。于下班前收集好输精管，冲洗输精栏，输完1头母猪后，立即登记配种记录，如实评分。

3. 注意事项

（1）母猪的后躯和输精栏必须清洁干爽。

（2）输精时必须有公猪在场，最好是泡沫较多的成年公猪。

（3）输精时应尽量采用各种方法刺激母猪兴奋，绝对不可以将精液强行挤进子宫。

（4）输精完毕应继续刺激母猪1分钟。

（5）尽量使用两份不同编号的精液给1头母猪输精。

（6）因公猪不够用而采用人工授精需在第一次配种前3~5分钟注射20单位缩宫素。

（7）所有母猪配种应尽可能满足3次。

4. 说明

（1）精液从17℃冰箱取出一般不需要升温，直接用于输精。

（2）输精管的选择。经产母猪用海绵头输精管，后备母猪用螺旋头输精管，输精前需检查海绵头是否松脱。

（3）两次输精时间间隔为 8 小时。

（4）输精过程中出现排尿情况要换 1 条输精管，排粪后不准再向生殖道内推进输精管。

（5）第三次输精才出现稳定发情的母猪加多 1 次人工授精。

（五）断奶母猪不发情原因分析及其对策

通常母猪断奶后很快就会发情，其发情出现的时间平均为断奶后 7 天，最早的为 2 天，最迟的为 17 天。母猪断奶后推迟发情或不发情，又称母猪断奶后乏情，是指经产母猪在仔猪断奶后 20 天内不能正常自然发情，甚至超过 30 天还未出现发情征象或母猪经久不再出现发情。这是目前瘦肉型品种及其二元杂交品种中普遍存在的一个繁殖障碍问题，而且在小型猪场中表现得尤为突出。

1．不发情原因

母猪断奶后推迟发情或不发情的原因很多，最主要的有以下几种因素：

（1）青年母猪初配年龄过早。刚进入初情期的青年母猪，虽然其生殖系统已具备正常生殖机能，但并不是说此时就可以正式配种受胎。因为青年母猪过早配种受孕，不仅会导致初产仔少，仔猪初生重小、断奶重小和成活率低，而且还会影响母猪本身的增重。当其成年后，其体重明显小于相同品种的同龄母猪（一般轻 25~40 千克）。这种体重偏小的母猪，初产仔猪断奶后发情明显推迟，有的甚至经久不再发情。

（2）母猪断奶时失重过多。正常情况下，母猪经历一个泌乳期，体重都有不同程度下降，一般失重的比例约为 25%，这并不影响母猪断奶后正常的发情配种。但是，如果日粮营养缺乏、泌乳量又大、带仔过多，母猪断奶时就会异常消瘦，体重下降幅度偏大，超过 60 千克，则母猪断奶后发情配种要明显推迟。

（3）季节影响。猪是多周期发情动物，可以常年发情配种。但在

夏天炎热的季节（6—9月），仔猪断奶后7天，母猪发情率较其他季节要低20%。尤其是初产母猪更为明显，又比经产母猪要低25%。瘦肉型品种母猪及其二元杂交母猪对高温更为敏感，夏季气温在29.4℃以上会干扰母猪的发情行为的表现，降低采食量和排卵数。夏季持续32℃以上高温时，很多母猪停止发情。

（4）母猪过肥。有些母猪在哺乳期，泌乳量低，带仔头数少。也有猪场用高蛋白、高能量的日粮饲喂，长期不限量饲养，直至断奶时体重不减，体内沉积了大量脂肪，致使身体过分肥胖，造成母猪卵泡发育停止而不能正常自然发情配种。

（5）用料不科学。有些猪场不是使用母猪专用饲料，而是选用生长肥育猪饲料饲养母猪，尽管饲养成本较低，但由于不能满足母猪在不同阶段的营养需要，饲养时间稍长可使母猪的体况和生产性能下降。

（6）内分泌异常。猪断奶后持久存在部分黄体化的卵泡囊肿，致使卵巢静止，母猪断奶后长期不再发情。

（7）疾病因素。猪在分娩时产道损伤、污染、胎衣不下或胎衣碎片残存，子宫弛缓时恶露滞留，难产时手术不洁，人工授精时消毒不彻底，配种时公猪生殖器官或精液内含有炎性分泌物，母猪有布氏杆菌或其他微生物感染引起的母猪生殖系统发生炎症。这些疾病因素均可造成母猪发情推迟或不发情。

2. 母猪断奶后推迟发情或不发情的处理办法

（1）正常掌握青年母猪的初配月龄。实践证明，国内培育品种及其杂交青年母猪，初配月龄不早于8月龄，体重不低于100千克。部分有经验的养猪场是让"三性"，即让过3个发情期，一般1个发情期为18~21天，故在初情期后约2个月，第四次发情时才将青年后备母猪投入配种繁殖。

（2）营养水平采用"低妊娠、高泌乳"的饲养方式。母猪的正确饲养方式应是"低妊娠、高泌乳"，即母猪在泌乳期间应让其自由采食以达最大的体况储备，使母猪断奶时失重不会过多。对初产母猪和体况较好的经产哺乳母猪采用一贯加强的饲养方式。瘦肉型品种及其二元杂交母猪每天给料量一般可按照"2+0.4×哺乳仔猪头数"的公式计算,即哺育8头仔猪的喂料量为5千克以上(2+0.4×8),哺育10~12头仔猪时,每天喂料量为6千克以上(2+0.4×10),整个哺乳期采用专用高营养水平哺乳母猪料,日喂3~4次。

(3)喷水、滴水降温。只要舍温升至33℃以上时,可于上午11：00和下午3：00、下午6：00和晚上9：00各给空怀母猪身体喷水1次。但当空气湿度过大时,采用喷水降温一定要配合良好的通风。对哺乳母猪可设计特制滴水降温装置。据报道,采用滴水降温的母猪日采食量可增加0.95千克,整个哺乳期母猪可少失重13.7千克。

(4)限料。一些猪场,母猪哺乳期饲养水平很高,在采取28天断奶措施情况下母猪哺乳期体重降低很少,膘情偏肥,往往影响母猪的发情配种。采取限制采食量方法或在母猪日粮中加入5%~10%青绿饲料,增加母猪的运动量和日光照射,可使母猪不致过肥。近年来,有些猪场为使母猪生活条件发生改变,采用饥饿刺激措施,母猪断奶后1~2天不喂料或日喂料量极少,但不可缺水。母猪在饥饿刺激下很快发情,在配种后立即恢复正常饲养。

(5)选用母猪专用全价料。母猪专用全价料一般根据母猪不同的生理阶段精心科学配制,日粮养分含量完全符合母猪的生理需要,可以保障母猪的正常繁殖性能。

(6)疾病防治。做好乙型脑炎、猪瘟、伪狂犬、细小病毒、布氏杆菌、弓形体等疾病的防治工作。对患有生殖系统疾病的母猪给予及时治疗。对出现子宫炎的母猪,用2%~4%的小苏打溶液400毫升或1%的高锰酸钾溶液20毫升或50毫升蒸馏水+640万单位青霉素+320万单位链霉素,导管输入冲洗,清除分泌物,每天2次,连续3天。同时,肌肉注射律胎素2毫升,孕马血清10毫升,维生素E 2支,维生素A 1支,促进发情排卵。

(7)对久不发情母猪的治疗方法,采取"一逗、二遛、三换圈、四药物治疗"的办法处理。①一逗。用试情公猪追逐久不发情的母

猪，每次15~20分钟，连续3~4天。或将母猪放在同一圈内，通过公猪的爬跨等刺激，使母猪脑下垂体产生卵泡素，促进母猪发情排卵。②二遛。每天上午将母猪赶出圈外，运动1~2小时，加速血液循环，促进发情。③三换圈。将久不发情的母猪，调到有正在发情母猪的圈内，经发情母猪的爬跨刺激，促进发情排卵，一般4~5天出现明显的发情。④四药物治疗。

a. 绒毛膜促性腺激素（HCG）：一次肌肉注射500~1 000单位，如将300~500单位HCG与10~15毫升孕马血清（PMSG）混合肌肉注射，不仅诱情效果明显，且可提高产仔数0.6~0.9头。

b. 红糖水：以不发情或产后乏情的母猪，按体重大小取红糖250~500克，在锅内加热熬焦，再加适量水煮沸拌料，连喂2~7天。母猪采食后2~8天即可发情，并接受配种。

c. 公猪精液：公猪精液按1∶3稀释，取1~3毫升喷于母猪鼻孔内，经过4~8小时母猪即表现发情，12小时达发情高峰。16~18小时配种最好，受胎率达95%。

d. 公猪尿液：公猪尿液中含外激素，能刺激母猪垂体产生促性腺激素，促进卵泡成熟并排卵。输精时令母猪嗅闻公猪尿液2~3分钟，再将输精管插入阴道内，来回抽动，刺激阴道壁和子宫颈2~3分钟后，再注入精液。可以使发情期受胎率提高16.7%，平均窝产仔多2.11头。

e. 子宫和卵巢：用去势母猪的子宫和卵巢2~3副，连喂母猪2~3天，4~5天后即出现发情征状。

f. 中药刺激催情：淫羊藿和对叶草各80克，煎水内服；淫羊藿100克，丹参80克，红花和当归各50克，碾末混入料中饲喂。

g. 认真做好发情鉴定和产房接产工作。

（六）提高母猪配种分娩率的方法

母猪分娩率的高低是衡量该场母猪群高产能力的最关键的指标之一。影响母猪分娩率的直接原因是母猪配种后不受胎，出现返情。因此，只要将母猪的饲养管理做到适时配种，提高其配种质量，就可以减少母猪的配种后返情数，提高母猪的分娩率。

1. 母猪妊娠初期（受胎后 1~25 天阶段）返情原因的分析和应采取的措施

（1）交配时间。应在公猪被允许爬跨后 6 小时后进行，根据"老配早，小配晚，不老不少配中间"的原则，经产母猪间隔 12 小时为其配种 2~3 次。

（2）公猪的精液品质。在配种间应进行精液品质检查，以保证最优秀的种公猪用于配种生产。

（3）人工授精中的正确输精。输精时母猪几乎无移动，输精被持续牢固紧锁，输精结束后几乎没有倒流。

（4）母猪的发情鉴定。发情不到火候强配母猪返情率较高，适时配种的效果最好。

（5）母猪的体况。母猪过肥或过瘦交配后受精卵不易着床，即便着床也易死或被吸收，造成产仔数减少，严重时出现配种后返情。因此，在这种情况下应先将母猪的体况调整到标准体况 3 分（1~5 分级）的程度后再进行配种。

（6）配种后母猪的管理。母猪在交配后饲料要减量，进行 3 个阶段饲喂方式（即步步高）的饲养管理。在群饲的情况下应避免母猪之间互相打架，防止寒冷或暑气引起的应激反应。不喂发霉、变质饲料，防止中毒，防止劣性传染病的发生，防止机械性流产，减少应激等。

（7）外阴部、子宫的卫生。外阴部周围不干净，病菌易侵入，引起子宫炎症。在交配时由于公猪不干净，容易造成母猪生殖道疾病发生。因此，在交配前母猪的外阴部和公猪的包皮应进行清洗消毒后再进行交配。

2. 母猪妊娠后期（受胎后 50~110 天阶段）出现返情原因的分析和应采取的措施

（1）病毒引起返情。乙型脑炎、细小病毒病、伪狂犬病等病毒性疾病会引起母猪流产。因此，应严格按免疫程序，做好预防接种工作。万一发生流产时,不宜在流产后的发情期配种,应在下一个发情周期再配种。

(2) 母猪自身原因引起的返情。有 1.5%~2% 的母猪没有特殊原因而发生流产,这一般称为习惯性流产。母猪连续 2 次、累计 3 次妊娠期习惯性流产,则应淘汰。

(3) 管理问题引起的返情。打架、发生高热病等疾病,由于体温急速上升容易引起流产。另外,由于喂料量不足或变质,母猪太瘦也容易引起流产。因此,妊娠期母猪应放在定位栏单独饲喂,给料、给水充足,正规防疫,正常消毒,注意饲养管理。

(4) 子宫内的残留物引起的不发情。母猪流产时虽然分娩出未成型的胎儿和胎衣等,但流产后不出现发情的话,在子宫内很可能有残留物,这时给母猪注射催产素或前列腺素等,使其排出宫内的残留物。

此外,母猪如果配种后出现返情,那么在下一次发情交配时要更换公猪,并且为了防止交配后再次发生流产,给母猪注射黄体激素也会有效果。

七、猪的人工授精技术

1. 人工授精在养猪生产实践中的意义

猪的人工授精是指用器械采集公猪的精液,经过检查、处理和保存,再用器械将精液输入到发情母猪生殖道内以代替自然交配的一种方法,其在养猪实践生产中有如下意义:

(1) 有效地改变了公猪、母猪的交配过程,更重要的是提高了公猪的配种效能。

(2) 由于公猪配种效能的提高,故可选择最优秀的公猪用于配种,从而成为改良品种的有力手段。

(3) 可以大量削减公猪的饲养头数,从而节约了饲养管理成本。

(4) 由于受严格操作规程的制约,只有健康的公猪才用于人工授精,因此可防止多种疾病的传播,尤其是生殖道疾病的传播。

(5) 人工授精所用的精液都要经过检查，保证质量后才用于输精。适时配种可以提高母猪的受胎率，尤其在夏天更为明显。

(6) 可克服公猪、母猪体格差异太大带来的配种困难。

(7) 稀释精液可以保存和运输，从而实现了公猪、母猪的异地配种，为猪的品种改良提供了便利。

2. 采精的操作规程

(1) 采精员一只手戴手套，另一只手持37℃保温杯（内装一次性食品袋）用于收集精液。

(2) 饲养员将待采精的公猪赶至采精栏，用0.1%高锰酸钾溶液清洗其腹部和包皮，再用温水（夏天用自来水）清洗干净。要避免药物残留对精子的伤害。

(3) 采精员挤出公猪包皮积尿，按摩公猪包皮部，刺激其爬跨假台畜。

(4) 公猪爬跨假台畜并逐步伸出阴茎，脱去外层手套，将公猪阴茎龟头导入空拳。

(5) 用手（大拇指与龟头相反方向）紧握伸出的公猪阴茎螺旋状龟头，顺其向前冲力将阴茎"S"状弯曲拉直，握紧阴茎龟头防止其旋转，公猪即可射精。

(6) 用四层纱布过滤收集精液于保温杯内的一次性食品袋内，最初射出的少量精液含精子很少，可以不必接取，有些公猪分2~3个阶段将精液射出，直到公猪射精完毕，射精过程历时5~7分钟。

(7) 采精员在采精过程中应注意安全，一旦公猪出现攻击行为，采精员应立刻逃至安全角。

(8) 下班之前彻底清洗采精栏。

(9) 采精期间不准殴打公猪，防止出现性抑制。

3. 公猪的采精频率与调教

成年公猪每周可采精2次，青年公猪（1岁左右）每周可采精1次，最好固定每头公猪的采精频率。

公猪采精调教要点：①后备公猪7月龄开始进行采精调教；②每

次调教时间不超过 15 分钟；③一旦采精获得成功，分别在第二、第三天再采精 1 次，进行巩固掌握该技术；④采精调教要采用发情母猪诱导，观摩有经验公猪采精，以发情母猪分泌物刺激等方法；⑤调教公猪要有耐心，不准打骂公猪；⑥注意公猪和调教人员的安全。

4. 稀释液配制操作规程

（1）配制稀释液的药品要求选用分析纯试剂，对含有结晶水的试剂要按摩尔浓度进行换算（如含水葡萄糖和无水葡萄糖）。

（2）按稀释液配方，用称量纸、电子天平准确称量药品。

（3）按 1 000 毫升、2 000 毫升剂量称量稀释粉，置于密封袋中。使用前将称量好的稀释粉溶于定量的双蒸水中，可用磁力搅拌器助其溶解。

（4）用滤纸过滤，以尽可能除去杂质。

（5）用 1 摩/升稀盐酸或 1 摩/升氢氧化钠调整 BTS 精液稀释液的 pH 为 7.2 左右（6.8~7.4）。稀释液配好后，应及时贴上标签，标明品名、配制日期和时间、经手人等。

（6）要认真检查已配制好的稀释液成品，发现问题及时纠正。

（7）液态状稀释液冰箱 4℃保存，不超过 24 小时，超过有效储存期的变质稀液应废弃。

5. 精液品质检查

（1）精液量。以电子天平称量精液，按每克 1 毫升计，避免以量筒等转移精液盛放容器的方法测量精液体积。

（2）颜色。正常的精液是乳白色或浅灰白色，精子密度越高，色泽越浓，其透明度越低。如带有绿色或黄色，则是混有脓液或尿液；若带有淡红色或红褐色，则是含有血液，这样的精液应舍弃不用，会同兽医寻找原因。

（3）气味。猪精液略带腥味，如有异常气味，应废弃。

（4）pH（酸碱性）。以 pH 计测量。

（5）精子活率。活率是指呈直线运动的精子百分率，在显微镜下观察精子活率，一般按 0.1~1 的十级分法进行。鲜精活率要求不低于

0.7。

（6）精子密度。指每毫升精液中所含的精子数，是确定稀释倍数的重要指标，要求用血细胞计数板进行计数或精液密度仪测定。血细胞计数板计数方法：①以微量加样器取具有代表性原精液100微升，3%氯化钠900微升，混匀，使之稀释10倍；②在血细胞计数室上放一盖玻片，取1滴上述精液放入计数板的槽中，靠虹吸作用将精液吸入计数室内；③在高倍镜下计数5个中方格内的精子总数，将该数乘以50万，即得原精液每毫升的精子数（即精液密度），精液密度仪使用见说明书。

（7）精子畸形率。畸形率是指异常精子的百分率，一般要求畸形率不超过18%。其测定可用普通显微镜，但需伊红染色，相差显微镜可直接观察活精子的畸形率。公猪使用过频或高温环境会出现精子尾部带有原生质滴的畸形精子，畸形精子种类很多，如巨型精子，短小精子，双头或以尾精子，顶体膨胀或脱落、头部残缺或与尾部分离、尾部变曲的精子，要求每头公猪每周检查1次精子畸形率。

按要求做好精液品质检查登记表。实事求是地填写种公猪健康状况登记表，从而真实地反映种公猪健康状况。

6. 精液的稀释

（1）精液采集后应尽快稀释，原精储存不宜超过30分钟。

（2）未经品质检查或检查不合格（活力0.7以下）的精液不能稀释。

（3）稀释液与精液要求等温稀释，两者温差不超过1℃，即稀释液应加热至33~37℃，以精液温度为标准来调节稀释液的温度，绝不能反过来操作。稀释时，将稀释液沿盛精液的杯（瓶）壁缓慢加入到精液中，然后轻轻摇动或用消毒玻璃棒搅拌，使之混合均匀。如做高倍稀释时，应进行低倍稀释（1∶2），稍待片刻后再将余下的稀释液沿壁缓慢加入，以免稀释过快造成精液品质下降。

（4）稀释倍数的确定。活率≥0.7的精液，一般按每个输精剂量含40亿个总精子，输精量为80~90毫升确定稀释倍数。例如，某头公猪1次采精量是200毫升,活力为0.8,密度为2亿个/毫升,则总精子数为200毫升×2亿个/毫升=400亿个。要求每个输精量含40亿个精子,输精量为80毫升,输精头份为400亿÷40亿=10份,加入稀释液的量为10×80毫升－200毫升=600毫升。

(5)稀释后要求静置片刻再作精子活力检查,如果稀释前后活力一样,即可进行分装与保存;如果活力下降,则说明稀释液的配制或稀释操作有问题,不宜使用,并应查明原因加以改进。

(6)不准随意更改各种稀释液配方的成分及其相互比例,也不准几种不同配方稀释液随意混合使用。

7. 精液的常温保存

(1)精液稀释后,检查精液活率,若无明显下降,按每头份80~90毫升分装。

(2)瓶上加盖密封,并在输精瓶上写清楚公猪的品种、耳号、采精日期(月、日)。

(3)置22~25℃的室温1小时后,直接(或用几层毛巾包被好后)放置17℃冰箱中。

(4)保存过程中要求每12小时将精液混匀1次,防止精子沉淀而引起死亡。

(5)每天检查精液保存箱温度并进行记录,若出现停电,应全面检查储存的精液品质。

(6)尽量减少精液保存箱开关次数,以免造成精子的死亡。

8. 输精评分

输精评分的目的在于如实记录输精时的具体情况,便于以后在返情失配时查找原因,制定相应的对策,在以后的工作中做出改进的措施。输精评分分为3个方面3个等级:①站立发情。1分(差)、2分(一些移动)、3分(几乎没有移动)。②锁住程度。1分(没有锁住)、2分(松散锁住)、3分(持续牢固锁住)。③倒流程度。1分(严重倒流)、2分(一些倒流)、3分(几乎没有倒流)。

为了使输精评分具有可比性,所有输精员应按照相同的标准进行评分,且单个输精员应做完1头母猪的全部几次输精,实事求是地填报评分。

具体评分方法,比如1头母猪站立反射明显,几乎无移动,持续牢固紧锁,一些倒流,则此次配种的输精评分为332,不需求和。

9. 实验室的规范管理

人工授精站是精液检查、处理、储存的场所,为了生产出优质、符合输精要求的精液,一定要把好质量关,保证出站的每一瓶精液的活力不低于0.7,保存72小时内的活率不受影响。因此,需要对实验室日常运作做如下规定:

(1) 实验室要求整洁、卫生,每周彻底清洁1次。

(2) 非实验室工作人员在正常情况下不准进入实验室。

(3) 所有仪器设备应在仔细阅读说明书后,由专人按操作规程使用和维护保养,特别是高压蒸气灭菌器、超声波洗净器、双蒸水器使用时更要注意人身安全。

(4) 各种电器设备应按其要求选择适应插座,除冰箱、精液保存箱、恒温培养箱外,一般电器要求人走电断,干燥条在无人时设定温度不应高于100℃。

(5) 所有器皿应以洗洁精或洗衣粉清洗干净,以自来水清洗后,再以蒸馏水漂洗,60℃干燥(玻璃用品干燥温度可高于100℃)后,以锡纸包扎器皿开口,玻璃器皿180℃干热灭菌1小时。非耐热器皿、用具以高压灭菌器121℃,湿热灭菌20分钟。

(6) 精液稀释液的配制、精液检查、稀释和分装均按照以上人工授精操作规程进行。

(7) 实验室仪器设备保持清洁卫生。实验室内使用的仪器设备,如显微镜、干燥箱、水浴箱、17℃精液保存箱、冰箱、37℃恒温板及电子天平等,必须保持清洁卫生。显微镜头(目镜和物镜)应每两周用二甲苯浸泡1次,保持清洁。

(8) 采精室与实验室之间的传递口的两侧窗,只有在传递物品时才能按先后顺序开启使用。

(9)实验室地板、实验台保持卫生整洁。

(10)下班离开实验室前再次检查电源、水龙头、门、窗是否关闭好,做到万无一失方可离开实验室。防火防盗,确保安全。

第六章 猪的常见疾病防治

近 20 年来，我国养殖业发展迅速，养猪生产正逐步向规模化、集约化方向发展。规模化猪场的数量越来越多，集约化猪场规模大、养殖数量多、密度高、周转快，与市场交往频繁，生产工艺技术先进。但是，规模化养猪中，猪的生产群体大、密度高，为猪传染病的发生和流行创造了有利条件；而集约化猪场中，猪只接触频繁，一旦有疫病进入，尤其是呼吸系统疾病，就可能很快在猪群中传播，给猪场造成严重的经济损失。因此，要建立完善的防疫制度和措施，以保障养猪业的健康发展。

一、疫病防制的主要原则及措施

（一）疫病防制的主要原则

1. 贯彻"预防为主，防重于治"的方针

规模化、集约化养猪场要认真贯彻"预防为主，防重于治"的方针，建立健全猪病防治体系，搞好饲养管理、防疫卫生、预防接种、检疫、隔离、消毒等综合性防疫措施，以提高猪的健康水平和抗病能力，控制和杜绝传染病的传播蔓延，降低发病率和死亡率。

2. 坚持"自繁自养"的原则

"自繁自养"是防止从外场引种或买入仔猪而带进疫病的一项重要措施。目前我国生猪流通范围大，流动频繁，是导致疫病发生和流行的一个重要原因。另外，我国从国外引进种猪的同时，也将某些传染病带入，并在国内引起疫病发生和流行。多年发展养猪生产的经验已经反复证明，坚持"自繁自养"的猪场很少发生或不发生传染病。作为规模化养猪生产，必须建立完善的繁育体系，应建有繁殖场、商品猪繁殖场和商品猪场；根据发展需要，养有一定数量的原种母猪，繁殖父母代，解决猪群更新不足的问题。

3. 实行严格的"全进全出"制

"全进全出"是猪场饲养管理、控制疾病的核心。在有猪的情况下，猪舍始终难以彻底清洁、冲洗和消毒。在非"全进全出"情况下，即使当时消毒非常好，病猪或带毒猪仍可以通过呼吸道、消化道、泌

尿生殖道不断向环境中排放病原，污染猪舍、猪栏，在下一批猪进入猪舍后就可能被这些病原体感染。有些猪场虽然在设计的时候是按照"全进全出"设计的，但由于生产方面、经济因素等方面存在问题，实际生产中并没有完全实行"全进全出"的做法；有时猪生长缓慢或有些猪发病，可能在原来的猪舍断续饲养，而病猪或生长缓慢的猪带毒量更高，毒力更强，所以对下一批猪更是潜在的威胁。

正确的做法是，应该保证猪舍内所有猪出栏后彻底清洗、消毒空舍14天，至少7天，这样才能保证消毒效果。

（二）防疫工作的基本内容

猪病在猪群中的发生和传播必须具备3个条件：传染源（如带病猪）、传播途径和易感猪群。只有这3个环节同时存在时才造成疾病的流行。要针对疾病流行的3个环节采取消除和切断传染的综合措施，同时根据不同种类的传染病采取针对性强的措施，有效防止疾病的发生和传播。

1. 平时要注意做好做足预防措施

（1）加强饲养管理，搞好卫生消毒工作，消灭传染源。坚持自繁自养，减少疫病传播。

（2）拟订和执行定期预防接种和补种疫苗计划。

（3）定期杀虫、灭鼠，进行粪便无害化处理。

2. 一旦发生疫病时，要果断地采取扑灭措施

（1）及时发现，正确诊断。

（2）对病猪进行迅速隔离，并紧急消毒。若发生危害性大的疫病如口蹄疫、炭疽病等应采取封锁措施。

（3）紧急接种疫苗，对病猪进行及时和合理的治疗。

（4）对死猪和淘汰猪要合理处置。

3. 规模化养猪场寄生虫控制程序

（1）对首次执行本程序的猪场，应首先对全场猪只进行1次彻底的驱虫。

（2）对怀孕母猪于产前1~4周用1次抗寄生虫药。

(3)对种公猪每年至少用药2次,但对外寄生虫感染严重的猪场,每年应用药4~6次。

(4)所有仔猪在转群时用药1次。

(5)后备母猪在配种前用药2次。

(6)新引进的猪只在隔离饲养期间用药预防2次。

(三)发病猪只的诊断和治疗

猪传染病的治疗是综合性防疫措施中的一个组成部分,一方面要治疗病猪减少损失,另一方面也要消除传染病源。病猪的治疗还应考虑经济问题,用最少的花费取得最佳的效果,采用适当的药物合理治疗,减少耐药病原的产生。

(四)注重猪场的消毒、杀虫、灭鼠工作

当环境适宜时,病原微生物能进行正常的新陈代谢而生长繁殖;若环境条件变化,可引起病原微生物的代谢和其他性状发生变异;若环境条件改变剧烈,可使病菌生长受到抑制或导致死亡。所以,对猪场要不定期进行消毒。消毒的目的就是消灭散播于外界环境中的病原体,以切断传播途径。根据消毒的目的,可分为以下3种:①预防性消毒。对畜禽、场地、用具和饮水等进行定期消毒,以达到预防一般传染病的目的。②随时消毒。在发生传染病时采取的消毒措施。消毒对象包括病猪所在的栏舍、隔离场地以及被病猪分泌物、排泄物污染和一切可能污染的场所、用具和物品等,病猪隔离舍应每天随时进行消毒。③终末消毒。在病猪解除隔离、痊愈或死亡后,或者在疫区解除封锁后,为了消除防疫区内可能残留的病原体所进行的全面彻底的大消毒。

常用的消毒方法有如下几种:①机械性消毒。用机械的方法如清扫、洗刷、通风等清除病原体,是最普通、最常用的方法。②物理消毒。包括阳光、紫外线、干燥和高温消毒等。③化学消毒。用化学药品进行消毒,常用酚类、醇类、酸类、碱类、氧化剂、卤素消毒剂、重金属类、表面活性剂、染料类、挥发性烷化剂等。④生物消毒法。利用某种生物来杀灭或清除病原微生物的方法。如粪便和垃圾的发

酵，利用嗜热细菌繁殖产生的热量杀灭病原微生物。

虻、蝇、蚊、蜱等节肢动物和鼠都是猪传染病的重要传播媒介，因此杀灭它们对预防和扑灭猪的疫病也有重要意义。

（五）免疫接种和药物预防

1. 免疫接种

免疫接种分为预防接种和紧急接种，是使易感动物转化为不易感动物的一种手段。

（1）预防接种。根据猪场的实际情况，平时有计划地对健康猪群进行的免疫接种。预防接种要注意以下事项：①预防接种应有计划性。对当地各种传染病的发生流行情况进行调查，拟订每年的预防接种计划。②合理的免疫程序。各个猪场需根据本场具体情况制订相应的有效的免疫程序。③几种疫苗的联合使用。④应注意预防接种的反应，注意观察动物接种后是否会产生持久或不可逆的组织器官损害功能障碍。

（2）紧急接种。发生传染病时，为了迅速控制或扑灭疫病的流行而对疫区和受威胁区尚未发病的猪群进行的应急性免疫接种。在疫区应用疫苗作紧急接种时，必须对所有受到感染威胁的猪只逐头进行详细观察和检查，仅对正常无病的猪只进行紧急接种。对病猪或可能已受传染威胁的猪只，必须在严格消毒的情况下进行隔离，不再进行疫苗接种。

2. 药物预防

药物预防是在猪的饲料或饮水中加入某种安全的药物进行集体的化学预防，在一定的时间内可以使受威胁的易感动物不受疫病的危害。

群体化学预防和治疗是防疫的途径之一，对某些疫病在具有一定条件时采用此种方法可以收到显著的效果。

二、猪常见的病毒性疾病

（一）猪瘟

猪瘟俗称"烂肠瘟"，又称古典猪瘟。猪瘟是由猪瘟病毒引起的

一种急性、发热、接触性、败血性传染病,传染性极强。近年来,猪场又发生非典型猪瘟,甚至一些进行过猪瘟疫苗免疫的猪场也会发生。与典型猪瘟相比,非典型猪瘟流行特点、临床表现、病变等发生了较大变化,发病方式较温和。

1. **病原**

猪瘟病毒属于黄病毒科瘟病毒属。毒力分为强、中、弱3种。猪瘟病毒在干燥情况下易死亡,加热至60~70℃处理1小时病毒才可以被杀死,病毒在冻肉中可生存数月。猪瘟病毒对消毒药的抵抗力强,对其最有效的消毒药是2%氢氧化钠、5%~10%漂白粉和3%来苏儿水。

2. **流行特点**

各种品种、年龄和性别的猪都易感。病猪是主要的传染来源,传播途径是消化道、呼吸道、眼结膜或皮肤伤口等。猪群受传染后,前一头或几头发病并呈急性死亡,以后病猪不断增加,1~3周达流行高峰,呈急性经过,继而趋向低潮,发病逐渐减少并呈慢性经过,经1个月左右流行终止。

3. **临床症状**

根据病程长短可分为最急性型、急性型、亚急性型、慢性型和温和型。

最急性型:流行初期,新疫区或未经免疫的猪群可见,突然发病,高热达41℃左右,可见黏膜和皮肤有针尖大密集出血点,病程1~3天,死亡率达100%。

急性型:病猪精神沉郁,减食或厌食,喜卧嗜睡,打堆,全身无力,行动迟缓,摇摆不稳。主要临诊特点:体温达40.5~42℃,稽留热。初期眼结膜潮红,后期苍白,眼角处初期有大量黏液,后期转为脓性分泌物。病初便秘,发病5~7天后腹泻。病猪耳后、颈部、腹部、四肢内侧薄皮部有出血点或出血斑。公猪包皮内常积有尿液,排尿时流出异臭、混浊有沉淀物的尿液。

亚急性型:病程达21~30天。症状与急性型相似,皮肤有明显的出血点，耳、腹下、四肢、会阴等可见陈旧性出血点。

慢性型：病程长达1个月或以上，体温时高时低，病猪食欲时好时坏，精神沉郁，消瘦，贫血，便秘与腹泻交替，皮肤有陈旧性出血斑或坏死痂，注射退热药和抗菌药后食欲好转，停药后又不吃食。

温和型：由低毒力的猪瘟病毒引起，病情发展慢，发病率和病死率均低。体温升高达40℃，皮肤常有出血点，腹下多见瘀血和坏死。大猪和成年猪都能耐过，仔猪死亡。妊娠母猪感染可分别导致流产、木乃伊胎、死胎，出生后的猪衰弱并打寒战，新生猪残废，或出生后很健康，但在几天内忽然死亡。

4. 病理变化

最急性型：多数无典型的病理变化。个别可见浆膜、黏膜和内脏中有极少数的点状出血，淋巴结轻度肿胀、潮红或出血。

急性型：皮肤或皮下有出血点；淋巴结呈明显肿胀，颜色深红或紫红，切面呈红白相间的大理石样，特别是颌下、咽背、腹股沟、支气管、肠系膜等处的淋巴结较明显；脾脏边缘梗死，呈紫黑色突起；肾脏色淡，不肿大，有数量不等的点状出血，肾皮质和髓质均有点状和绒状出血；胃底部黏膜可见出血溃疡灶，大肠和直肠黏膜淋巴滤泡溃疡，常见大量出血点，小肠和大肠孤立和集合淋巴滤泡肿胀。喉、扁桃体黏膜常有出血点，常见有出血或坏死。胸腔液增量，呈淡黄红色。心包积液、心外膜、冠状沟和两侧沟及心内膜均见有出血斑点，数量和分布不均。

亚急性型和慢性型：淋巴结、肾和脾病变表现与急性型病变相同。特征性病变为盲肠、对肠及回盲口处黏膜上形成的纽扣状溃疡。

5. 诊断

常以流行特点、临床症状及病理变化进行综合诊断。有很多种疾病的临床症状和病理变化都与猪瘟相似，如附红细胞体病、链球菌病、胸膜肺炎、弓形体病等，应注意区别诊断。非典型猪瘟的临床症状和病理变化不典型，但是肾脏的点状出血很普遍，所有阳性猪场均有，可作为诊断的重要依据。

6. 防制

平时加强饲养管理,坚持定期消毒,制定有效的免疫程序,走"自繁自养"道路。免疫程序:①新母猪配种前、经产母猪断奶时接种1次,剂量为4头份/头。公猪每年免疫2次,剂量同母猪。②已发生猪瘟的猪场对乳猪进行超免,即出生后先注射猪瘟疫苗,剂量为1~2头份/头,2小时后吃初乳,建议50~60日龄二免。③无疫情表现的猪场,仔猪初免可在20~25日龄时,剂量为2头份/头,50~60日龄时二免,剂量为4头份/头。

(二)口蹄疫

口蹄疫是口蹄疫病毒感染偶蹄动物引起的急性、热性、接触性传染病,以口腔黏膜、蹄部、乳房、皮肤出现水疱和溃烂为特征,传播速度极快。

1. 病原

口蹄疫病毒属微RNA病毒科口蹄疫病毒属。

口蹄疫病毒对外界抵抗力强,对酸和碱很敏感,2%氢氧化钠、3%~4%福尔马林、0.5%~1%过氧乙酸、30%草木灰水、10%新鲜石灰乳剂等常用消毒剂均能杀灭病毒。但碘酊、酒精、石炭酸、来苏儿水、新洁尔灭等对病毒无杀灭作用。

2. 流行特点

猪,尤其是新生仔猪特别易感。病猪、带毒猪是直接传染源,尤其在发病初期,病猪的排泄物通过消化道、呼吸道、破损的皮肤、黏膜等进行传播。另外,鸟类、鼠类、昆虫等野生动物也能机械性地传播本病。本病一年四季均可发生,但以冬春、秋季气候比较寒冷时多发,而炎热的天气少发。

3. 临床症状

主要症状为蹄冠、蹄踵、蹄叉、副蹄和吻突皮肤、口腔腭部、颊部以及舌面黏膜、母猪的乳头与乳房等部位出现大小不等的水疱和溃疡。病猪精神不振,体温升高,厌食,在出现水疱前可见蹄冠部出现一明显的白圈,蹄温增高,之后蹄壳变形或脱落,跛行明显,病猪卧地。水疱充满清亮或微浊的浆液性液体，水疱破溃后露出边缘整齐的暗红色糜烂面，如无细菌继发感染，经1~2周病损部位结痂愈合。仔猪受感染时，水疱症状不明显，主要表现为胃肠炎和心肌炎，致死率高达80%以上。妊娠母猪感染可发生流产。

4. 病理变化

尸体消瘦，鼻镜、唇内黏膜、齿龈、舌面发生大小不一的圆形水疱疹和糜烂病灶，咽喉、气管、支气管和胃黏膜也有烂斑或溃疡，小肠、大肠黏膜可见出血。仔猪心包膜有弥散性出血点，心肌切面有灰白色或淡黄色斑点或条纹，称"虎斑心"，心肌松软似煮熟状。

5. 诊断

根据本病流行特点、临床症状、病理变化并结合流行特点，一般不难做出初步诊断，但要与水疱病、水疱疹、水疱性口炎区别，则必须结合实验室检测手段进行确诊。

6. 防制

预防：主要采用灭活油佐剂苗。种猪每隔3个月免疫1次，每次肌肉注射2毫升/头，或肌肉注射高效疫苗1~1.5毫升/头。仔猪40~45日龄首免，常规苗肌肉注射2毫升/头或高效苗1毫升/头。100~105日龄育成猪加强1次（二免），常规苗2毫升/头或高效苗1~1.5毫升/头。

治疗：选择有效的消毒药进行消毒。对发病猪首先要加强饲养和护理，水疱破溃面用0.1%高锰酸钾、2%硼酸或2%的明矾水清洗干净，再涂布1%的紫药水或5%碘甘油。蹄部破溃的用0.1%高锰酸钾、2%硼酸或3%煤酚皂溶液清洗干净，并涂青霉素软膏或1%紫药水溶液。

（三）猪呼吸繁殖障碍综合征

猪呼吸繁殖障碍综合征（PRRS）俗称"蓝耳病"，是以受感染的猪群发生繁殖障碍和呼吸系统症为特征的疫病，表现为流产、产死胎和木乃伊胎、产弱仔和呼吸困难。本病还有一个特点是，病毒主要侵害巨噬细胞，损害机体免疫机能，发病猪极易继发其他各种疾病。

1. 病原

该病毒为RNA病毒，对热和酸碱敏感，20℃ 6天、37℃ 48小时、

56℃20分钟时病毒将失去活性。病毒在pH小于5或大于7的条件下，感染力下降90%。常用消毒药有效。

2. 流行特点

各种年龄、品种和用途的猪均易感，但以怀孕的母猪和1月龄内的仔猪最易感。病猪和带毒猪是主要的传染源，病毒能通过直接接触和空气、精液传播。本病一年四季均可发生。饲养管理不善、防疫消毒制度不健全、饲养密度过大等是本病的诱因。

3. 临床症状

不同日龄的猪发生猪呼吸繁殖障碍综合征的表现不一。

母猪：种母猪表现为精神沉郁，食欲不振，咳嗽，不同程度的呼吸困难，间情期延长。妊娠母猪表现发热、厌食，发生早产、后期流产、产死胎、木乃伊胎、弱仔等。部分新生仔猪表现呼吸困难、运动失调及轻瘫等症状，产后1周内死亡率明显增高，可达40%~80%。

仔猪：以1月龄内仔猪最易感并表现典型的临床症状。体温升高达40℃以上，呼吸困难，有时呈腹式呼吸，食欲减退或废绝，腹泻，被毛粗乱，后腿及肌肉震颤，共济失调，渐进消瘦，眼睑水肿。死亡率可高达60%~80%，耐过仔猪长期消瘦，生长缓慢。

育肥猪：对本病耐受性较强，临床表现轻度的类似流感症状，呈现厌食及轻度呼吸困难。少数病例表现咳嗽及双耳背面、边缘及尾部皮肤出现深青紫色斑块。

公猪：发病率较低，症状表现厌食、呼吸加快、咳嗽、消瘦、昏睡及精液质量明显下降，极少数公猪出现双耳皮肤变色。

4. 病理变化

肺脏呈红褐花斑状，不塌陷，感染部位与健康部位界线不明显。淋巴结肿大，腹股沟淋巴结最明显。胸腔内有大量清亮的液体。在这些变化中，新生仔猪最明显，其次是哺乳仔猪，然后是断奶后育肥猪。病猪常因免疫功能低下而继发支原体感染或传染性胸膜肺炎。

5. 诊断

由于本病易继发其他疾病，根据临床资料进行诊断比较困难。本病的确诊要借助实验室诊断技术。此外，还应注意与猪瘟、猪细小病毒病、伪狂犬病、猪流感、猪脑心肌炎、猪衣原体性流产等症状相似的猪病相区别。

6. 防制

本病无特效治疗药物。疫苗接种免疫预防是一种重要的防治手段，我国已有疫苗供应。平时要加强饲养管理，严格消毒制度。在本病流行期间，对病猪进行对症治疗是十分有益的，用退热药给妊娠母猪降温，可延长妊娠期，减少流产；用广谱抗菌药防止继发性细菌感染；对病猪提供足够的蛋白质，喂饲高能饲料；对腹泻猪补充电解质。

（四）伪狂犬病

伪狂犬病是由伪狂犬病毒引起的多种动物共患的一种急性传染病。猪感染本病时，因不同的年龄表现不同。成年猪危害不严重，呈隐性感染或有上呼吸道卡他性症状；种猪主要表现繁殖障碍，妊娠母猪发生流产、死胎；对仔猪的危害最严重，出现发热、脑脊髓炎和败血症症状，死亡率可达100%。

1. 病原

病毒对外界环境抵抗力较强，加热55~56℃经30~50分钟死亡，对脂溶剂如乙醚、丙酮、氯仿、酒精等高度敏感，0.5%次氯酸钠、3%酚类10分钟可使病毒灭活。

2. 流行特点

猪是伪狂犬病病毒的贮存宿主和传染源。猪场伪狂犬病病毒主要通过已感染猪排毒而传给健康猪。另外，被污染的工作人员和器具在传播中起着重要的作用。本病还可经呼吸道黏膜、破损的皮肤和配种等发生感染。妊娠母畜感染本病时可经胎盘侵害胎儿。本病一年四季都可发生，但以冬春两季和产仔旺季多发。

3. 临床症状

主要表现为呼吸道和神经症状。新生仔猪常突然发病，发病率接近100%，死亡率高，随着年龄的增长，死亡率逐渐下降。新生仔猪发病后，体温升高至41~41.5℃，精神沉郁，不食，口角有大量泡沫

或流出唾液，眼睑和嘴角水肿。有呕吐或腹泻，其内容物均为黄色。部分仔猪出现神经症状，肌肉震颤，运动障碍，共济失调，最后角弓反张，出现神经症状的仔猪几乎100%死亡。发病24小时以后表现为耳朵发紫，后躯、腹下等部位有紫斑。20日龄以上的仔猪到断奶前后的小猪症状轻微，体温41℃以上，呼吸短促，被毛粗乱，沉郁，食欲不振，有时呕吐和腹泻，几天内可完全恢复，严重者可延长半个月以上。这样的猪表现为四肢僵直（尤其是后肢）、震颤、惊厥等，行走相当困难，也有部分猪出现神经症状而往往预后不良。哺乳猪发病的同时，同窝的母猪有时出现厌食、便秘、震颤、惊厥、视觉消失或眼结膜炎，母猪多呈一过性或亚临床感染，很少死亡。部分母猪分娩延迟或提前，产下死胎、木乃伊胎或流产，产下的仔猪初生体重极小，生命力弱。

4. 病理变化

没有特征性的病理变化，在诊断上具有参考价值的变化是鼻腔卡他性或化脓出血性炎，扁桃体水肿并伴以咽炎和喉头水肿，勺状软骨和会厌皱襞呈浆液性浸润，淋巴结充血、肿大、呈褐色（与猪瘟不同）。心肌松软，心内膜有斑状出血，肾点状（针尖状）出血，几乎见于所有的病猪。胃底部可见大面积出血。

5. 诊断

根据临床症状以及流行特点可做出初步诊断，确诊本病则必须结合病理组织学变化或其他实验室诊断。

6. 防制

目前无特效的治疗方法，平时要加强饲养管理，并严格进行消毒。免疫预防是控制本病唯一有效的办法。目前我国主要是应用灭活疫苗和基因缺失疫苗。刚发生流行的猪场，用高滴度的基因缺失疫苗鼻内接种，病情可以得到快速有效的控制。建议免疫程序：种猪（包括公猪），第一次注射后，间隔4~6周后加强免疫1次，以后每次产前1个月左右加强免疫1次，可获得较好的免疫效果，并可保护哺乳仔猪到断奶。种用的仔猪在断奶时注射1次，间隔4~6周后，加强免疫 1 次，以后按种猪免疫程序进行。肉猪断奶时注射 1 次，直到出栏。

（五）猪轮状病毒病

猪轮状病毒病是由轮状病毒感染引起的一种急性肠道传染病，主要表现为仔猪功能性紊乱，临床上以呕吐、腹泻、脱水和酸碱平衡紊乱为特征。

1. 病原

病原为轮状病毒。轮状病毒对理化因素有较强的抵抗力，在室温下能存活 7 个月。对 pH 3~9 稳定，能耐超声波震荡和脂溶剂。加热 60℃ 30 分钟可存活，但 63℃ 30 分钟则被灭活。0.01% 碘、1% 次氯酸钠和 70% 酒精可使病毒丧失感染力。

2. 流行特点

本病多发于寒冷的晚秋、冬季和早春季节，传染方式多为暴发或散发。各种年龄的猪都可感染，但以 8 周龄以内仔猪居多。病猪和隐性带毒者是本病的主要传染源。消化道是主要传染途径，病猪排出粪便污染饲料、饮水和各种用具，可成为本病的传染因素。寒冷、潮湿、卫生不良、饲料营养不全和其他疫病的侵袭等，均能促进本病的发生。

3. 临床症状

病猪精神委顿，食欲减退，常有呕吐。迅速发生腹泻，粪便呈水样或糊状，黄白色或暗黑色。腹泻越久，脱水越明显。症状的轻重决定于发病日龄和环境条件，特别是环境温度下降和继发大肠杆菌病，常使症状严重和死亡率增高。

经过免疫的母猪群，在乳汁中常含有较高滴度的抗病毒抗体，可为仔猪提供母乳源免疫力。在成年猪群，广泛存在着抗猪轮状病毒的中和抗体，大多数母猪能给吃乳小猪提供被动免疫。发病仔猪主要表现如下症状：常发生呕吐；迅速发生腹泻，呈水样或糊状，粪便颜色有黄白色、灰色或暗黑色；脱水，死亡。

4. 病理变化

病变主要在消化道，仔猪胃弛缓，胃中充满凝乳块和乳汁，肠管

变薄，内容物为液状，呈灰黄色或灰黑色，小肠绒毛缩短。

5. **诊断**

应与猪传染性胃肠炎、猪流行性腹泻、仔猪白痢、仔猪黄痢等相区别。

6. **防制**

（1）加强饲养管理，保持栏舍清洁卫生。仔猪要注意防寒保暖，增强母猪和仔猪的抵抗力。

（2）在疫区要使新生仔猪及早吃到初乳，因初乳中含有一定量的保护性抗体，仔猪吃到初乳后可获得一定的抵抗力。

（3）猪舍及用具经常进行消毒。

（4）发现病猪立即隔离到洁净、干燥和温暖的猪舍中，加强护理，清除病猪粪便及受污染的垫草，消毒被污染的环境和器物。用葡萄糖甘氨酸溶液（葡萄糖22.5克、氯化钠4.75克、甘氨酸3.44克、柠檬酸0.27克、枸橼酸钾0.04克、无水磷酸钾2.27克，溶于1升水中即成）或葡萄糖盐水给病猪自由饮用。停止喂乳，投服收敛止泻剂，使用抗生素和磺胺类等药物以防止继发性细菌感染。静脉注射5%~10%葡萄糖盐水和3%~10%碳酸氢钠溶液，以防治脱水和酸中毒，可收到良好效果。

（六）猪流行性腹泻

猪流行性腹泻是由病毒引起的仔猪和育肥猪的一种急性肠道传染病，以水样腹泻、呕吐、脱水为特征。

1. **病原**

猪流行性腹泻病毒属于冠状病毒科冠状病毒属。病毒对外界环境和消毒药抵抗力不强，对乙醚、氯仿等敏感，一般消毒药都可将其杀灭。

2. **流行特点**

各种年龄的猪对本病都很敏感，病猪是主要传染源，经消化道传染。本病有一定的季节性，冬季多发，我国多在12月至次年2月寒冬季节发生。

3. 临床症状

哺乳仔猪发病症状明显，体温正常或稍偏高，表现呕吐、腹泻、脱水、运动僵硬等症状。呕吐多发生于哺乳和吃食之后。患猪呕吐、腹泻的同时伴有精神沉郁、厌食、消瘦及衰竭。症状的轻重与年龄大小有关，年龄越小，症状越重，1周以内的哺乳仔猪常于腹泻后2~4天内因脱水而死亡，病死率约50%。断奶猪、育成猪发病率很高，几乎达100%，但症状较轻，表现精神沉郁，有时食欲不佳、腹泻，可持续4~7天，然后逐渐恢复正常。

4. 病理变化

具有特征性的病理变化主要见于小肠。整个小肠肠管扩张，内容物稀薄，呈黄色、泡沫状，肠壁弛缓，缺乏弹性，变薄有透明感，肠黏膜绒毛严重萎缩。25%病例胃底黏膜潮红充血，并有黏液覆盖，50%病例见有小点状或斑状出血，胃内容物呈鲜黄色并混有大量乳白色凝乳块（或絮状小片），较大猪（14日龄以上的猪）约10%病例可见溃疡灶，靠近幽门区可见较大坏死区。

5. 诊断

尸体消瘦脱水，皮下干燥，胃内有多量黄白色的乳凝块，小肠病变具有特征性，通常肠管扩张、充满黄色液体，肠壁变薄，肠系膜充血，肠系膜淋巴结水肿。镜下小肠绒毛缩短，显著萎缩。

6. 防制

对本病无特效药治疗，应用对症疗法，可以减少仔猪死亡率，促进康复。发病后要及时补水和补盐，给大量的口服补液盐，防止脱水，用肠道抗生素防止继发感染。

（七）猪流行性感冒

猪流行性感冒（猪流感）是由A型猪流行性病毒引起的一种急性呼吸器官传染病。其特征为突发、咳嗽、呼吸困难、发热、衰竭及迅速康复。猪流行性感冒是许多地区发生猪支气管间质性肺炎与呼吸道疾病的常见原因。由于猪流感病毒对人类和禽类都具有感染性，因此猪被称为人流感病毒变异的"发生器""温床"，所以预防和控制猪流行性感冒的发生具有重要的公共卫生意义。

1. 病原

猪流行性感冒由正黏病毒科 A 型流行性感冒病毒引起。该病毒常与其他病毒或细菌等发生协同作用，引起猪呼吸道综合征，造成集约化猪场呼吸道病难以消除，对养猪业造成了巨大危害。流行性感冒病毒对干燥和低温抵抗力强大，冻干或 -70℃可保存数年，60℃ 20 分钟可被灭活，一般的消毒药都有很好的杀灭作用。该病毒对碘特别敏感。

2. 流行特点

本病的传染源主要是患病动物和带病毒动物（包括康复的动物）。病原存在于动物鼻液、痰液、口涎等分泌物中，多由飞沫经呼吸道感染。本病一年四季均可发生，以春、冬寒冷季节多见。病程短，发病率高，死亡率低，常突然发作，传播迅速，一般在 3~5 天可达高峰，2~3 周迅速消失。本病在感染和发生过程中常继发或并发其他疾病，使本病复杂化。许多因素，包括免疫状况、年龄、病毒的毒力、并发感染、气候条件及畜舍环境等决定着流行性感冒病毒感染的临床结果。在多日龄猪共存的猪场，一旦猪流感发生，就有可能在不同日龄的易感猪中间循环传播，长期流行。

3. 临床症状

突然发生，猪群中多数猪同时出现症状，表现厌食、迟钝、衰竭、蜷缩、病猪挤在一起，结膜充血，眼、鼻流出浆液性分泌物。猪群反应迟钝，病猪不愿走动。出现急促和腹式呼吸，特别在强迫病猪走动时更明显，伴发严重的阵发性咳嗽。体温可高达 40.5~41.7℃，出现结膜炎、鼻炎、鼻腔分泌物及打喷嚏。

4. 病理变化

颈部、肺部及纵隔淋巴结明显增大、水肿，呼吸道黏膜充血、肿胀并被覆黏液，有的支气管被渗出物堵塞而使相应的肺组织萎缩。主要的肉眼病变是病毒性肺炎，多见于肺的心叶和尖叶，呈现为紫色的硬结，与正常肺界线明显，呼吸道内含有血色、纤维蛋白性渗出物。颈部、肺部及纵隔淋巴结明显增大、水肿。严重的病例，有支气管肺炎和纤维蛋白性胸膜炎、肺水肿、脾肿大。

5. 诊断

根据本病流行的特点、发生的季节、临床症状及病理变化特点可初步诊断。

6. 防制

无特效药治疗，但可用解热镇痛药对症治疗，应用抗生素防止并发症。预防本病，目前疫苗的效果仍不理想，因此要加强饲养管理，保持畜舍清洁卫生，增强畜禽的抵抗力。为控制并发或继发的细菌感染，可用抗生素和其他抗微生物制剂进行治疗。

（八）猪圆环病毒病

猪圆环病毒病是近些年新发现的、由猪圆环病毒（PCV）引起猪的一种多系统功能障碍性、传染性疾病。自从1991年加拿大报道猪断奶后衰竭综合征（PMWS）以来，美国、英国、丹麦、墨西哥、匈牙利以及日本、泰国和我国皆有此病的发生流行报告。虽然PCV广泛分布于许多国家的猪群中，猪群血清阳性率20%~80%不等，但只有相对较小比例的猪或猪群发病，存在大量隐性感染。猪圆环病毒引起猪发生断奶后多系统衰竭综合征，该病原体已被确认为圆环病毒Ⅱ型（PCV-2）。研究表明，PCV-2不仅是断奶仔猪多系统衰竭综合征的病原，还可以引起母猪繁殖障碍、仔猪先天性震颤等，并可能与猪皮炎肾病综合征（PDNS）、呼吸道疾病（PRDC）等疾病密切相关，还可以造成一些杂病的继发感染，已成为危害养猪业的又一新的重要传染病。

1. 病原

猪圆环病毒属于圆环病毒科圆环病毒属，是目前已知动物病毒中最小的病毒，无囊膜，有PCV-1和PCV-2两个型，其中PCV-1无致病性，广泛存在于猪体内及猪源传代细胞系；PCV-2则具有致病性。PCV-2可致使感染猪的免疫力大大降低，从而为其他病毒或病菌的入侵创造条件。PCV对酸（pH3）、氯仿或者高温（56℃和70℃）有一定的抵抗作用。PCV较难分离培养。PCV-2可致使感染猪的免疫力大

大降低,从而为其他病毒或病菌的入侵创造条件。

2. 流行特点

在我国,近几年来才对猪圆环病毒引起重视。本病主要侵害断奶后仔猪,哺乳猪很少发病,在采取早期断奶的猪场,断奶猪亦可发病,一般本病集中于断奶后2~3周龄的仔猪。该病毒分布广,猪群中血清阳性率常达20%~80%,病毒可随粪便、鼻腔分泌物排出体外。通过消化道感染,胎盘垂直感染的可能性也存在。本病的发病率与死亡率不定,呈地方性流行时,发病率、死亡率较低。当与猪繁殖与呼吸综合征病毒、细小病毒及巴氏杆菌、链球菌等混合感染时,本病的发生流行严重,在我国大部分地区均有本病的报道。

3. 临床症状

PCV-2感染引起的猪病主要有仔猪断奶后多系统衰竭综合征、猪皮炎和肾病综合征、母猪繁殖障碍、猪间质性肺炎及传染性先天性震颤等几种疾病,其临床表现分别如下。

仔猪断奶后多系统衰竭综合征:主要影响6~8周龄的猪,很少影响吮乳的猪。临床上表现以多系统进行性功能衰弱为特征的症状,患病猪临床表现为发热、精神不振、被毛粗乱、皮肤苍白、进行性消瘦、发育障碍,而且表现以咳嗽、打喷嚏、呼吸加快及呼吸困难为特征的呼吸器官障碍;下痢、咳嗽和中枢神经系统紊乱相对不常见。由于细菌、病毒的继发或混合感染,常常使PMWS的症状复杂化、严重化,猪群的死亡率增加。当临床上约有20%的病猪呈现贫血与黄疸症状时,具有诊断意义。

猪皮炎和肾病综合征:病猪发热、不食、消瘦、苍白、跛行、结膜炎、腹泻等。其特征性症状是会阴部、四肢、胸腹部及耳朵等处的皮肤上出现圆形或不规则的红紫色病变斑点或斑块,有时这些斑块相互融合成条带状,不易消失。

母猪繁殖障碍:感染猪临床症状一致,发病母猪主要表现为体温升高达41~42℃,食欲减退,流产、死产、木乃伊胎增多,断奶前死亡率上升。病后母猪受胎率低或不孕,断奶前仔猪死亡率上升达

11%。公猪感染 PCV-2 后，可通过交配传染给与配母猪，从而导致其繁殖障碍。少数怀孕母猪感染 PCV 后，可经胎盘垂直传播给仔猪，造成仔猪先天性震颤或断奶仔猪多系统衰竭综合征。

猪间质性肺炎：临床上主要表现为猪呼吸道综合征，多见于保育期和育肥期的猪，病猪咳嗽、流鼻液、呼吸加快、精神沉郁、食欲不振、生长缓慢。

传染性先天性震颤：临床变化很大，其震颤表现为从轻度到重度程度不等。在出生后第一周，严重的震颤可导致不能吃奶而死亡，活 1 周的仔猪可以存活下来，多数在 3 周时间恢复。震颤为双侧，影响骨骼肌肉，当卧下或睡觉时震颤消失，外界刺激（如声音或温度刺激）可引发或加重震颤，有的在整个生长和发育期间都不断发生震颤。实践证明，圆环病毒病与蓝耳病同时流行的猪场，其哺乳仔猪和育肥猪的死亡率明显高于单个感染猪场。

4. 病理变化

本病主要的病理变化为患猪消瘦，贫血，皮肤苍白，黄疸（疑似 PMWS 的猪有 20% 出现）；淋巴结异常肿胀，内脏和外周淋巴结肿大到正常体积的 3~4 倍，切面为均匀的白色；肺部有灰褐色炎症和肿胀，呈弥漫性病变，比重增加，坚硬似橡皮样；肝脏发暗，呈浅黄色至橘黄色外观，萎缩，肝小叶间结缔组织增生；肾脏水肿（可达正常的 5 倍），苍白，被膜下有坏死灶；脾脏轻度肿大，质地如肉；胰、小肠和结肠也常有肿大及坏死病变。

5. 诊断

对先天性震颤排除遗传性和化学原因引起的震颤外，可以通过临床症状进行诊断。PMWS 的临床症状具有特征性，有较高的诊断价值。在有 PMWS 发病史的养猪场挑选发育不良、皮肤苍白及腹股沟淋巴结肿大症状的仔猪，进行病理检查、PCV 抗原及核酸检验，结果所有仔猪都患有 PMWS。当然，最可靠的方法还是病毒分离与鉴定。

6. 防制

加强饲养管理等措施可减少该病的发生，同时要做好蓝耳病、细

小病毒病等的防疫；对猪场实施严格的生物安全措施，严格实行"全进全出"制度。防止PCV侵入和使其感染恶化的继发因子，特别是细菌、支原体及其他病毒侵入猪群。做好清洁卫生、通风保温工作，分群饲养，饲养密度要适中，创造一个良好的饲养环境，提高猪群机体抗病力。确保仔猪过好断奶关，仔猪断奶时易发生心理应激、环境应激和营养应激，仔猪28日龄断奶时，母猪下床，仔猪应在原产床上停留5天，断奶时以原窝仔猪组群。保育猪舍要保温通风，温度不能与产房舍温度相差过大。定期使用有效消毒药消毒，杀死病原体，切断传播途径。

目前针对该病尚无特效的治疗方法，所以应做到早发现、早确诊、早治疗，对早期发现疑似感染猪进行检查、隔离、淘汰。发生该病时应采取相应的措施，根据不同的临床症状应用抗病毒与抗菌药物进行对症治疗，以控制继发感染，减少死亡。如应用金刚烷胺、泰妙菌素、卡那霉素、盐酸多西环素、庆大霉素、磺胺嘧啶等治疗，肌肉注射维生素B_{12}、维生素C、肌酐和静注葡萄糖注射液等有一定的治疗效果。发生该病时要清除病猪，淘汰阳性猪，同时添加药物，控制疫情；全面消毒，改善饲养环境温度，减少各种应激因素，加强营养和饲养管理，防止继发其他疫病。

（九）日本乙型脑炎

日本乙型脑炎（JE）又称流行性乙型脑炎，简称乙脑，是一种动物和人共患的病毒性疾病。

1. 病原

乙型脑炎病毒抗原性比较稳定。乙型脑炎病毒在外界环境中的抵抗力不强，56℃ 30分钟或100℃ 2分钟均可使其灭活。其存活时间与稀释剂的种类和稀释程度有很大关系，如以脱脂乳、10%灭活兔血清和0.5%乳白蛋白水解物对其有较好的保护作用。病毒的稀释度越高，病毒死亡越快。常用消毒药如碘酊、来苏儿水、甲醛等都有迅速灭活作用。病毒对酸和胰酶敏感。

2. 流行特点

乙型脑炎流行环节和传播途径有其特征性。本病流行的季节与蚊虫的繁殖和活动有很大的关系，蚊虫是本病的重要传播媒介。乙型脑炎发病形式具有高度散发的特点，但局部地区的大流行也时有发生。

3. 临床症状

病猪体温突然升高达 40~41℃，呈稽留热，精神不振，食欲不佳，结膜潮红，粪便干燥如球状，附有黏液，尿深黄色，有的病例后肢呈轻度麻痹，关节肿大，视力减弱，乱冲乱撞，最后后肢倒地而死。母猪、妊娠新母猪感染乙型脑炎病毒后无明显临床症状，母猪流产或分娩时才发现死胎、畸形胎或木乃伊胎等症状。同一胎的仔猪，在大小及病变上都有很大差别，胎儿呈各种木乃伊的过程，有的胎儿正常发育和产出弱仔，产后不久即死亡。此外，分娩时间多数超过预产期数日，也有按期分娩的。公猪常发生睾丸炎，多为单侧性，少为双侧性。初期睾丸肿胀，触诊有热痛感，数日后炎症消退，睾丸逐渐萎缩变硬，性欲减退，并通过精液排出病毒，精液品质下降，因失去配种能力而被淘汰。

4. 病理变化

早产仔猪多为死胎，死胎大小不一，黑褐色，小的干缩而硬固，中等大的茶褐色、暗褐色。死胎和弱仔的主要病变是脑水肿、皮下水肿、胸腔积液、腹水、浆膜有出血点、淋巴结充血、肝和脾有坏死灶、脑膜和脊髓膜充血。出生后存活的仔猪高度衰弱，并有震颤、抽搐、癫痫等神经症状，剖检多见有脑内水肿，颅腔和脑室内脑脊液增量，大脑皮层受压变薄，皮下水肿，体腔积液，肝脏、脾脏、肾脏等器官可见有多发性坏死灶。

5. 诊断

根据本病发生有明显的季节性及母猪发生流产、死胎、木乃伊胎和公猪睾丸一侧性肿大等特征，可做出初步诊断。确诊必须进行实验室诊断。

6. 防制

根据本病流行特点，消灭蚊虫是消灭乙型脑炎的根本办法。控制猪乙型脑炎主要采用疫苗接种。猪用乙脑弱毒疫苗免疫，注射剂量为1毫升。临床上主要接种头胎新母猪。

（十）猪细小病毒病

猪细小病毒病是由猪细小病毒引起的母猪繁殖障碍性传染病。临床上以怀孕母猪流产、死胎、畸形胎、木乃伊胎、弱仔猪为主要特征，母猪无其他明显症状。

1. 病原

本病病原属细小病毒科细小病毒属。本病毒对热、脂溶剂和胰蛋白酶具有很强的抵抗力，56℃ 48小时、70℃ 2小时仍有感染力，80℃ 5分钟可使病毒失活。病毒在4℃或4℃以下稳定，在-20℃及-70℃能存活1年以上。氯仿、乙苯醚不影响病毒的感染性。pH 3~9时经90分钟病毒稳定，pH为2时90分钟才失活。甲醛蒸气和紫外线需较长时间才能杀死病毒。0.5%漂白粉、2%氢氧化钠5分钟可杀死病毒。

2. 流行特点

不同年龄、性别和品种的家猪、野猪都可感染，一般呈地方流行性或散发性。猪细小病毒主要引起猪的繁殖障碍，以胚胎和胎儿感染及死亡为特征。病情可持续多年。感染本病的母猪、公猪及污染的精液是本病的主要传染源。本病可经胎盘垂直感染和交配感染，公猪、育肥猪、母猪主要通过被污染的食物、环境，经呼吸道、消化道感染。本病多发生在每年4—10月或母猪产仔和交配后的一段时间。

3. 临床症状

仔猪和母猪的急性感染通常都表现为亚临床症状，没有典型的临诊表现。猪细小病毒感染的主要症状表现为母源性繁殖障碍。感染的母猪可能重新发情而不分娩，或只产出少数仔猪，或产大部分死胎、弱仔及木乃伊胎等。怀孕中期感染的母猪腹围减少，无其他明显临床症状。此外，本病还可引起产仔瘦小、弱胎、母猪发情不正常、久配不孕等症状。

4. 病理变化

没有明显病变，母猪流产时，肉眼可见母猪有轻度子宫内膜炎变化，胎盘部分钙化，胎儿在子宫内有被溶解和被吸收的现象。大多数死胎、死仔或弱仔皮下充血或水肿，胸、腹腔积有淡红色或淡黄色渗出液。肝、脾、肾有时肿大脆弱或萎缩发暗，个别死胎、死仔皮肤出血，弱仔生后半小时先在耳尖，后在颈、胸、腹部及四肢上端内侧出现瘀血、出血斑，半日内皮肤全变紫而死亡。除上述各种变化外，还可见到畸形胎儿、干尸化（木乃伊）胎儿及骨质不全的腐败胎儿。

5. 诊断

如果发生流产、死胎、胎儿发育异常等情况而母猪没有明显的临诊症状，同时有其他证据认为是一种传染病时，可以做出初步诊断。确诊必须进行实验室诊断。

6. 防制

对本病无特效药治疗，通常应用对症疗法，可以降低仔猪死亡率，促进康复。发病后要及时补水和补盐，给大量的口服补液盐，防止脱水，用肠道抗生素防止继发感染可降低死亡率。同时应立即封锁，严格消毒猪舍、用具及通道等。预防本病可在入冬前10—11月给母猪接种弱毒疫苗，通过初乳可使仔猪获得被动免疫。

（十一）猪痘

猪痘是由痘病毒引起的一种急性、发热性和接触性传染病。其特征是皮肤和黏膜上发生特殊的红斑、丘疹、脓疱和结痂。

1. 病原

本病病原是一种猪痘病毒。对干燥和寒冷抵抗力很强，能存活3个月以上，对常用的消毒药都敏感。

2. 流行特点

猪痘病毒只感染猪。以4~6周龄的仔猪多发，成年猪有抵抗力。本病的传播方式一般认为不能由猪直接传染给猪，而主要通过猪血虱、蚊、蝇等体外寄生虫及损伤的皮肤传播。本病可发生于任何季节，以春秋天气阴雨寒冷、猪舍潮湿污秽以及卫生差、营养不良等情

况下流行比较严重。

3. 临床症状

病猪体温升高到 41~42℃，精神沉郁，食欲不振，喜卧，寒战，行动呆滞，鼻黏膜和眼结膜潮红、肿胀，并有分泌物，分泌物为黏液性。在躯干的下腹部和四肢内侧、鼻镜、眼睑、面部皱褶等无毛或少毛部位出现痘疹，也有发生于身体两侧和背部。典型的猪痘病灶，初为深红色的硬结节，突出于皮肤的表面，擦破痘疱后形成痂壳，导致皮肤增厚，呈皮革状。在强行剥落后，痂皮下呈现暗红色溃疡，表面附有微量黄白色脓汁。在病的后期，痂皮会裂开、脱落，露出新生肉芽组织，不久又长出新的黑色痂皮，经 2~3 次蜕皮之后才长出新皮。

4. 病理变化

痘疹病变主要发生于鼻镜、鼻孔、唇、齿龈、颊部、乳头、齿板、腹下、腹侧和四肢内侧的皮肤等处，也可发生在背部皮肤。死亡猪的咽、口腔、胃和气管常发生疱疹。当忽视饲养管理时，本病常可继发胃肠炎、肺炎，引起败血症而导致死亡。

5. 诊断

根据流行特点、临床症状一般不难诊断。本病可见皮肤痘疹，病情严重的或有并发病的可在气管、肺、肠管处发现痘疹。

6. 防制

患本病时只要加强饲养管理，改善畜舍条件，提高猪本身抵抗力，一般不会引起损失。猪康复后可获得坚强的免疫力。由于本病的经济意义不大，而且使用活疫苗又会把病毒引入环境中来，所以一般不提倡使用活疫苗。

三、猪常见的细菌性疾病

（一）猪链球菌病

猪链球菌病属于国家规定的二类动物疫病，是一种人兽共患传染病。猪链球菌病是由 C 群、D 群、E 群及 L 群链球菌引起的不同临诊类型传染病的总称。猪链球菌病发病率高，传播迅速，死亡速度快，可造成较为严重的经济损失，对养猪业的危害较大。

1. 病原

链球菌在自然界广泛分布，是兼性厌氧的革兰氏阳性菌，圆形球菌，呈链状排列，培养条件要求较高。一般分为三类：呈 β 溶血的溶血性链球菌，致病力强；呈 α 溶血的草绿色链球菌，致病力弱，引起感染部位局部脓肿；不溶血的链球菌，一般没有致病性。本菌对外界环境抵抗力不强，对一般消毒剂敏感。

2. 流行特点

集约化密集型猪场易流行链球菌病，尤其通风不良、卫生条件差的猪舍更易发生，病猪和带菌猪是主要的传染源。主要经伤口、呼吸道感染，还可经消化道感染，新生仔猪常经脐带感染。所有日龄的猪都可发生，但以30~60千克的架子猪多发，新生仔猪、哺乳仔猪的发病率和病死率均较高，偶见怀孕母猪发病，成年猪发病较少。本病为地方流行性，在新疫区呈暴发性流行。

3. 临床症状

本病依临床症状可分为急性败血型、脑膜炎型和关节炎型，不同类型表现不同。

急性败血型：突然发生，体温升高至40~42℃，全身症状明显。食欲废绝，眼结膜潮红，流泪，流鼻液，便秘或腹泻，在耳、腹下及四肢末端出现紫斑。个别猪出现多发性关节炎。

脑膜炎型：多见于哺乳猪和断奶仔猪，体温升高，不食，神经症状，部分猪出现关节炎。

关节炎型：多由前两型治疗不当转来。病猪一肢或四肢关节肿胀、疼痛、跛行，严重者不能站立。

4. 病理变化

急性败血型：鼻、气管、肺充血，全身淋巴结肿大、出血，心包积液，脾、肾肿大、出血，胃肠黏膜充血、出血。

脑膜炎型：脑膜充血、出血，脑脊髓白质和灰质有小点出血，心包、胸腔、腹腔有纤维素性炎症变化，淋巴结肿大、出血。

5. 诊断

本病症状和病变较复杂，易与急性猪丹毒、急性猪瘟、李氏分枝杆菌病相混淆，因此确诊要进行实验室诊断。

6. 防治

防治原则是加强管理。病猪治疗可用大剂量青霉素和链霉素混合肌肉注射，连用3~5天。氨苄西林、先锋Ⅳ、先锋Ⅵ、小诺米星、磺胺嘧啶、磺胺六甲氧嘧啶、磺胺五甲氧嘧啶早期治疗有一定的疗效。免疫预防可用灭活疫苗或弱毒冻干菌苗注射，免疫期6个月。接种弱毒冻干菌苗前后数天饲料内不能添加任何抗菌药物。

（二）猪传染性胸膜肺炎

猪传染性胸膜肺炎是由胸膜肺炎放线杆菌引起的一种接触性传染病，临床上以胸膜肺炎为特征。

1. 病原

胸膜肺炎放线杆菌，革兰氏阴性。对外界的抵抗力不强，在干燥的情况下易于死亡，对常用的消毒剂敏感，一般60℃ 5~20分钟内死亡，4℃下通常存活7~10天。

2. 流行特点

最常发生于育成猪（3月龄）和成年猪（出栏猪）。病猪和带菌猪是主要传染源。主要传播途径是空气、猪与猪之间的接触、污染排泄物或人员传播。冬春季节发病率高。

3. 临床症状

最急性：突然发病，病猪体温升到41.5℃，倦怠、厌食，并可能出现短期腹泻或呕吐，早期无明显的呼吸症状，后期则出现心力衰竭和循环障碍，鼻、耳、眼及后躯皮肤发绀。晚期出现严重的呼吸困难和体温下降，临死前血性泡沫从嘴、鼻孔流出。

急性：病猪体温可上升到40.5~41℃，皮肤发红，精神沉郁，厌食，不爱饮水。严重的病猪呼吸困难，咳嗽，呈犬坐姿势，1～2天内因窒息死亡。

亚急性和慢性：多在急性期后出现。病猪有不同程度的自发性或间歇性咳嗽，食欲减退，不爱活动。

4. 病理变化

主要病变存在于肺和呼吸道内，一般气管和支气管内有大量血色液体和纤维素，黏膜水肿、出血和增厚；肺脏充血肿胀、肝变，有大小不等的坏死和脓腔；胸腔积液。

5. 诊断

根据本病流行特点和特征性的临床症状及病理变化可做出初诊。

6. 防治

（1）预防。①尚未发生过或感染过本病的猪场应制定严格的隔离措施。②改善饲养环境。③加强消毒制度，发病猪与健康猪应严格隔离。④注射疫苗。

（2）治疗。由于细菌具有耐药性，临床治疗效果不明显。实践中选用恩诺沙星、二氟沙星、氟甲砜霉素静脉注射或肌肉注射，连用3天以上；饲料中拌支原净、盐酸多西环素、氟甲砜霉素或北里霉素，连续用药5~7天，有较好的疗效。

（三）猪肺疫

猪肺疫又叫猪巴氏分枝杆菌病，俗称锁喉风或肿脖瘟。急性病例多呈败血症变化、咽喉炎和肺炎症状。慢性病主要表现为慢性肺炎症状，呈散发性。

1. 病原

多杀性巴氏杆菌为革兰阴性菌。对外界环境的抵抗力不强，60℃ 1分钟或加热到100℃时立即死亡。常用消毒水可在数分钟内将其杀死。

2. 流行特点

发病无明显季节性，气候剧变、多雨时发生较多，营养不良、长途运输、饲养条件改变等因素促进本病发生，一般为散发。

3. 症状

最急性型：症状不明显，晚间还正常吃食，次日清晨即死亡。病程稍长，体温升高到41~42℃，食欲废绝，呼吸困难，呈犬坐姿势，

口鼻流出泡沫。

急性型（胸膜肺炎型）：体温40~41℃，痉挛性干咳，排出痰液呈黏液性或脓性，呼吸困难，后成湿、痛咳，胸部疼痛，呈犬坐、犬卧，初便秘，后腹泻，在皮肤上可见瘀血性出血斑。

慢性型：持续有咳嗽，呼吸困难，鼻流少量黏液，有时出现关节肿胀，消瘦，腹泻。

4. 病理变化

最急性型：黏膜、浆膜及实质器官出血和皮肤小点出血，肺水肿，淋巴结水肿，肾炎，咽喉部及周围结缔组织的出血性浆液性浸润最为特征。

急性型：特征性的病变是纤维素性肺炎，有不同程度肝变区。胸膜与肺粘连，肺切面呈大理石纹，胸腔、心包积液，气管、支气管黏膜发炎有泡沫状黏液。

慢性型：肺肝变区扩大，有灰黄色或灰色坏死，内有干酪样物质，有的形成空洞，高度消瘦，贫血，皮下组织有坏死灶。

5. 诊断

单靠流行特点、临床症状、病理变化诊断难以确诊。

（1）临床检查应注意与急性猪瘟、咽型猪炭疽病、猪气喘病、传染性胸膜肺炎、猪丹毒、猪弓形虫等进行鉴别诊断。

（2）实验室涂片镜检。

（3）做动物试验，培养分离病源进行确诊。

6. 防治

加强饲养管理。新引进猪隔离观察1个月后健康方可合群。进行预防接种，每年定期进行有计划的免疫注射。目前常用猪肺疫灭活菌苗、猪肺疫内蒙系弱毒菌苗、猪肺疫eo—630活菌苗、猪肺疫ta53活菌苗、猪肺疫c20活菌苗5种，使用、保存和注意事项按说明书。

发生本病时，应将病猪隔离、封锁，严密消毒。同栏的猪，用血清或用疫苗紧急预防。对散发病猪应隔离治疗，消毒猪舍。

对新购入猪隔离观察1个月后无异常变化才合群饲养。治疗可采用以下药物：

（1）青霉素 80 万~240 万单位肌肉注射，12 小时 1 次，连用 3 天。

（2）45 千克以上猪链霉素 3 000 毫克、10% 氨基比林 10 毫升肌肉注射，每天 1 次，连用 2 次。

（3）根据体重肌肉注射庆大霉素 1~2 毫克/千克、四环素 7~15 毫克/千克，每天 2 次，直到体温下降为止。

（四）猪大肠杆菌病

猪大肠杆菌病是由致病性埃希氏大肠杆菌引起的仔猪肠道传染病，包括仔猪黄痢、仔猪白痢和仔猪水肿病 3 种。病原大肠杆菌为革兰阴性菌。对外界因素抵抗力不强，60℃ 15 分钟即可死亡，一般消毒药均易将其杀死。

1. 仔猪黄痢

（1）流行特点。多发于炎夏和寒冬潮湿多雨季节。带菌母猪是主要传染源，病菌污染母猪乳头、皮肤等，仔猪出生后，因吸母猪乳和舐母猪皮肤时吃进病菌引起发病。1 日龄内的仔猪最易感染发病，1 周龄以上的仔猪很少发病。初产母猪所产仔猪发病最为严重。

（2）临床症状。仔猪出生时还健康，快者几小时发病和死亡。主要症状是病仔猪突然拉稀，排出稀薄如水样粪便，黄色至灰黄色，有腥臭味，随后数分钟即拉 1 次水样粪便，严重脱水，体重迅速下降，可达 30%~40%，精神沉郁，皮肤蓝灰色，最后昏迷死亡。

（3）病理变化。无特征性的病理变化，比较突出的病变是肠道（十二指肠）的急性卡他性炎症。

（4）诊断。根据多发于 3~7 日龄的新生仔猪，且初产母猪的仔猪更严重；以及拉黄色水样粪便、高度脱水、发病率和致死率都高等特点，可做出诊断。鉴别诊断：应注意与传染性胃肠炎、流行性腹泻、仔猪白痢、仔猪红痢及轮状病毒性腹泻等区别。

（5）防治。

预防：①疫苗免疫 K88-LTB 基因工程活菌苗（简称 MM 活菌苗），在母猪产前 4~6 周免疫，使新生仔猪通过哺乳获得保护。②抗

血清的被动免疫。③药物预防,可在仔猪出生后全窝用抗菌药口服,连用3天。④加强饲养管理。

治疗:磺胺嘧啶 0.2~0.8 克、三甲氧苄啶 40~160 毫克、活性炭 0.5 克,混匀分 2 次喂服,每天 2 次,至病愈。庆大霉素,口服,每千克体重 4~11 毫克,1 天 2 次;肌肉注射,每千克体重 4~7 毫克,1 天 1 次。环丙沙星,每千克体重 2.5~10.0 毫克,1 天 2 次,肌肉注射。硫酸新霉素口服,每千克体重 15~25 毫克,每天 2~4 次。

2. 仔猪白痢

仔猪白痢又叫迟发性大肠杆菌病,是 10~30 日龄的仔猪常见的肠道传染病,以下痢、排乳白色或灰白色带有腥臭的浆状稀粪为特征。

(1)流行特点。主要发生于 10~30 日龄仔猪,一年四季都可发生,但一般以严冬、早春及炎热季节发病较多,尤其是气候突变时多发。有时不采取治疗措施也可自愈。饲养管理不善、卫生条件差以及仔猪受凉等各种不良因素都能诱发本病。

(2)临床症状。病猪体温一般不升高,主要发生下痢,粪便为白色、灰白色或黄白色,粥样,有腥臭味,有时粪中混有气泡。如治疗不及时,下痢可逐渐加剧,肛门周围、尾及后肢常被稀粪沾污。仔猪精神委顿,食欲废绝,消瘦,走路不稳,寒战。

(3)病理变化。死猪胃黏膜潮红肿胀,以幽门部最明显,上附黏液,少数严重病例有出血点。肠黏膜潮红,肠内容物呈黄白色,稀粥状,有酸臭味,有的肠管空虚或充满气体,肠壁菲薄而透明,严重病例黏膜有出血点及部分黏膜表层脱落。肠系膜淋巴结肿大。肝和胆囊稍肿,肾苍白。

(4)诊断。根据临床症状及大多发生在母猪饲养管理和卫生条件不良的养猪场内等特征诊断。

(5)防治。

预防:加强仔猪的饲养管理,不要让仔猪受凉感冒,有条件的可用自家菌苗免疫母猪进行预防。

治疗:要及时。治疗的药物同仔猪黄痢。

3. 仔猪水肿病

仔猪水肿病是由致病性大肠杆菌的毒素引起的断奶仔猪的一种急性散发性疾病。临床上以全身或局部麻痹、共济失调和眼睑部水肿为主要特征。

（1）流行特点。本菌在部分健康母猪和感染仔猪的肠道内存在。多发于春季和秋季。断奶后 1~2 周的仔猪易感，突然发生，病程短，致死率高。本病的发生与饲养方式和气候突然改变有关。

（2）临床症状。发病突然，体温不高，四肢运动障碍，有的病猪做圆圈运动或盲目乱叫，突然猛向前跃；各种刺激或捕捉时，触之惊叫，叫声嘶哑，倒地，四肢乱动如游泳状；体表某些部位的水肿是本病的特征症状，常见于眼睑、结膜、齿龈，有时波及颈部及腹部皮下。

（3）病理变化。主要病变为水肿。胃大弯和贲门部位的胃壁水肿切开，可见黏膜层和肌层之间有一层胶冻样水肿；上、下眼睑，结肠肠系膜及淋巴结水肿，整个肠系膜呈凉粉样；全身淋巴结几乎都有水肿病变；心包、胸腔、腹腔有较多积液，无色或淡黄色。

（4）诊断。根据流行特点、临床症状及病理剖检变化，可对该病做出初步诊断。鉴别诊断：猪瘟也偶有肠水肿的病变，猪丹毒有时可见眼睑水肿，炭疽病可发生内脏和颈部水肿，但这几种病发生于各种类型的猪，以败血症为主要变化，高热不断，应注意与本病区分。贫血、胃溃疡等其他因素导致的水肿，一般病程较长，致死率低，胃壁无病变，适当治疗即可好转。

（5）防治。本病治疗效果不佳。发病仔猪在饲料中加入盐类泻剂连用 2 天，然后用卡那霉素或硫酸链霉素，每天 2 次，连续注射 2~3 天。病初采用亚硒酸钠、维生素 E 对症治疗，有一定的效果。合理的饲养。母猪饲料中加入 15% 的金霉素 1 千克。用 0.1% 高锰酸钾水，在初生仔猪吃乳前口服 2~3 毫升，每间隔 5 天口服 1 次。

（五）猪霉形体肺炎

猪霉形体肺炎也称喘气病，是由猪肺炎支原体引起的猪的高度接触性慢性呼吸道传染病。临床主要症状为咳嗽和气喘。

1. 病原

猪肺炎支原体对外界环境及理化因素抵抗力不强,排出体外后生存时间较短,在低温或冻干条件下保存时间较长。日光、干燥及常用的消毒药液都可在较短时间内将其杀死。

2. 流行特点

不同年龄、性别和品种的猪均能感染,但以哺乳仔猪最易发病。寒冷、多雨或气候骤变时较为多见。饲养管理和卫生条件是影响本病发生和发展的主要因素。

3. 临床症状

主要为咳嗽和气喘,体温、食欲和精神都无明显变化。根据病程经过可分为急性、慢性和隐性三型。

急性型主要为咳嗽,体温、精神、食欲都无明显变化;然后转为慢性型,病猪咳嗽增重,次数增多,由单咳至连续咳嗽;干咳变为湿咳。中期出现气喘现象;病的后期呼吸急促,病猪呈犬坐姿势,将嘴支于地面而喘息,咳嗽次数少而沉溺,似有分泌物堵塞而难以咳出,此时病猪精神委顿,食欲废绝,体温可超过40℃,怕冷,行走无力,最后因窒息死亡。

4. 病理变化

肺脏前叶和心叶可见界限清楚的灰色肺炎病变区;肺叶的腹侧边缘有分散的实变区。具有特征性的水肿性支气管淋巴结增大,肺水肿、充血以及支气管内有渗出物。

5. 诊断

根据临床特点和病理解剖可以初诊。

6. 防治

预防:我国已制成两种弱毒菌苗:一种是猪气喘病冻干兔化弱毒菌苗,另一种是猪气喘病168株弱毒菌苗,两种菌苗只适于疫区使用。

治疗:常用盐酸土霉素、泰乐菌素、硫酸卡那霉素、林可霉素、土霉素碱油剂和金霉素等药物,大剂量,连续用药5~7天,有较好的治疗效果。

（六）猪副伤寒

猪副伤寒又称猪沙门氏菌病，是由猪霍乱和猪伤寒沙门氏菌引起的仔猪传染病。本病主要发生于 1~4 月龄猪，成年猪很少发病。

1. 病原

沙门氏杆菌是革兰阴性菌。对热、消毒药和外界环境因素的抵抗力大小同大肠杆菌相似。对热抵抗力不强，60℃ 15 分钟即被杀死，数分钟内可被 5% 石炭酸、2% 烧碱等灭活。

2. 流行特点

传染源是病猪及带菌猪，通过粪尿把病原菌不断排泄到外界，经消化道感染发病。常呈散发性，有时呈地方性流行。传播的特征是一个猪栏到另一个猪栏。本病以春冬气候寒冷多变时发生最多。

3. 临床症状

本病可分为急性与慢性两种类型。

急性型（败血型）：体温升至 40.5~41.5℃，精神沉郁，不食，不爱活动。后出现水样、黄色粪便。耳尖、胸前和腹下及四肢末端皮肤有紫红色斑点。

慢性型：是临床上常见的类型。病猪体温升高达 40.5~41.5℃，精神不振，寒战，眼有黏性或脓性分泌物，初便秘后下痢，粪便呈水样淡黄色或灰绿色，恶臭。部分病猪在病的中、后期皮肤出现弥漫性湿疹，特别是腹部皮肤，揭开覆盖物可见浅表溃疡。

4. 病理变化

急性型：脾脏肿大，色暗，硬实，切面蓝红色，脾髓质不软化。全身淋巴结肿大、充血和出血。肝可见黄灰色坏死小点。全身各黏膜、浆膜均有不同程度的出血斑点，肠胃黏膜可见急性卡他性炎症。

慢性型：特征性病变是盲肠、结肠甚至回肠，肠壁增厚，黏膜上覆盖着一层灰黄色弥漫性、坏死性和腐乳状物质，剥开见底部红色、边缘不规则的溃疡面。肠系膜淋巴结索状肿胀，部分呈干酪样。脾稍肿大，呈网状组织增殖，有时肝可见黄灰色坏死小点。肺的心叶、尖叶和膈叶前下缘偶有肺炎实变区。

5. 诊断

诊断主要依靠流行特点、临床症状、病理变化及病原学检查进行。慢性型副伤寒的发病特点、症状及病理变化都比较典型，不难做出诊断。

6. 防治

预防：1月龄以上哺乳仔猪或断奶仔猪，用仔猪副伤寒冻干弱毒菌苗预防，用20%氢氧化铝生理盐水稀释，肌肉注射1毫升；口服时，按瓶上标签说明，服前用冷生理盐水稀释成每份5~10毫升，渗入料中喂服；或将每1头份疫苗稀释于5~10毫升冷开水中给猪灌服。

治疗：可将庆大霉素、诺氟沙星、环丙沙星、恩诺沙星、磺胺嘧啶、磺胺间甲氧嘧啶等药物拌在饲料中，连用5~7天。

（七）猪副嗜血杆菌病

猪副嗜血杆菌病又称纤维素性浆膜炎和关节炎，多呈散发性。

1. 病原

猪副嗜血杆菌是革兰氏阴性杆菌，细胞短小，通常可见荚膜。该菌生长时需要烟酰胺腺嘌呤二核苷酸（NAD或V因子），不需要X因子（血红素或其他卟啉类物质），在血液琼脂上不出现溶血现象。

2. 流行特点

主要发生在断奶后和保育阶段的幼猪，该细菌寄生在鼻腔等上呼吸道内，可以受多种因素诱发。健康猪主要通过空气、直接接触感染，消化道也可感染。

3. 临床症状

急性型：首发于膘情良好的猪，体温升高至40.5~42.0℃，精神沉郁，反应迟钝，食欲下降，咳嗽，呼吸困难，体表皮肤发红或苍白，耳梢发紫，眼睑皮下水肿，部分病猪出现鼻流脓液，跛行，腕关节、跗关节肿大，临死前侧卧或四肢呈划水样。有时也会无明显症状而突然死亡，严重时母猪流产。

慢性型：多见于保育猪，主要是食欲下降，咳嗽，呼吸困难，跛行，生长不良，死亡。

4. 病理变化

多发性炎症，有纤维素性或浆液性渗出，胸水、腹水增多，肺脏肿胀、出血、瘀血，有时肺脏与胸腔发生粘连。这些现象常以不同组合出现，较少单独存在。

5. 诊断

根据流行特点、临床症状和病理变化（尤其是病理变化），即可初步诊断。

6. 防治

猪场发病时可将病猪隔离，淘汰僵猪或严重病猪。严格消毒，严禁混养。

对隔离的病猪，能吃料者饲喂：阿莫西林 400 克、金霉素 2 000 克/吨拌料，连喂 7 天。或者任选泰妙菌素 50~100 毫克/千克，氟甲砜霉素 50~100 毫克/千克，利高霉素 44~1 000 毫克/千克，泰乐菌素、磺胺二甲嘧啶各 100 毫克/千克，林可霉素 200 毫克/千克，环丙沙星 150 毫克/千克等 1~2 种药物拌料。食欲差的可于水中加阿莫西林 200 克/吨，并按体重肌肉注射沙星类药物或 30% 氟苯尼考注射液 3.5~7.0 毫升/10 千克。

免疫：预防可用灭活苗免疫母猪，初免猪产前 40 天一免，产前 20 天二免。在经免猪产前 30 天免疫 1 次即可。受本病严重威胁的猪场，小猪也要进行免疫，从 10 日龄到 60 日龄的猪都要注射，每次 1 毫升，最好一免后过 15 天再重复免疫 1 次。

（八）猪丹毒

猪丹毒是猪丹毒杆菌引起的一种急性热性传染病，其主要特征为高热、急性败血性传染病，主要症状为败血症和皮肤疹块，慢性病猪主要表现为心内膜炎及多发性关节炎。

1. 病原

猪丹毒杆菌是一种革兰氏阳性菌，为平直或微弯纤细小杆菌，呈长丝状。对外界环境的抵抗力较强。在病死猪的肝、脾内 4℃ 成活 5 个月后毒力仍然强大。露天放置 30 天的病死猪肝脏和深埋 1.5 米 200

天的病猪尸体中，都可以分离到猪丹毒杆菌。在一般消毒药，如2%福尔马林、1%漂白粉、1%氢氧化钠或5%石炭酸中很快死亡。对热的抵抗力较弱，耐酸性较强。

2. 流行特点

主要发生于3~6月龄的架子猪，随年龄的增长易感性降低。病猪和带菌猪是本病的传染源，经消化道传染给易感猪。本病也可以通过损伤皮肤及蚊、蝇、虱、蝉等吸血昆虫传播。猪丹毒一年四季都有发生，但多发于气候较暖和的初夏及晚秋。有一定的常在性，呈散发或地方流行。

3. 临床症状

猪丹毒一般分为急性、亚急性和慢性三型。

急性败血型：最为常见，以突然暴发、急性经过和高病死率为特征。流行初期，常见1~2头猪不表现任何症状而突然死亡。病猪体温达到42~43℃，稽留不退；食欲减少；寒战；有时呕吐；行走不稳；结膜充血，有分泌物；粪便干硬或腹泻，小猪后期有的发生下痢。病猪耳、颈、背等部位皮肤发生潮红继而发紫。多数2~3天死亡，病死率80%左右，不死者转为亚急性型或慢性型。

亚急性疹块型：特征是皮肤表面出现疹块。病初精神不振，食欲下降，口渴，便秘。体温升高至41℃以上，但很少超过42℃。病后2~3天，在胸、腹、背、肩、四肢等部位的皮肤发生疹块，呈方块形、菱形或圆形，稍凸起于皮肤表面。疹块发生后，体温开始下降，病势减轻，经数日以至十数日，病猪自行康复，死亡率低。

慢性型：症状为慢性关节炎、慢性心内膜炎和皮肤坏死等。表现为四肢关节炎性肿胀，病腿僵硬、疼痛，关节变形；慢性心内膜炎主要表现呼吸急促，通常由于心脏停搏突然倒地死亡。

4. 病理变化

急性型：全身淋巴结发红肿大；肺充血、水肿；脾充血、肿大，有"白髓周围红晕"现象。消化道有炎症，黏膜发生弥漫性出血。

亚急性型：皮肤疹块为特征变化。

慢性型：多发性增生性关节炎，关节肿胀，有多量浆液性纤维素性渗出液，黏稠或带红色。后期滑膜绒毛增生肥厚。慢性心内膜炎，左心二尖瓣有椰菜样赘生物。

5. 诊断

主要依靠流行特点、临床症状、病理变化及病原学检查进行诊断。

6. 防治

发病后及时确诊，隔离病猪。

预防：加强饲养管理；每年春秋或夏冬二季定期进行预防注射。可选用猪丹毒弱毒菌苗，皮下注射1毫升/只；猪丹毒氢氧化铝甲醛灭活苗，10千克体重以上的断奶猪一律皮下或肌肉注射5毫升，10千克体重以下或尚未断奶的猪，皮下或肌肉注射3毫升，1个月后再补3毫升。

治疗：急性型病例以每千克体重1万单位青霉素肌肉注射，每天2~3次，食欲、体温恢复正常后再持续2~3天。

（九）猪布鲁氏菌病

猪布鲁氏菌病主要是由猪布鲁氏菌引起的传染病。母猪患病后，发生流产、子宫炎、跛行和不孕症；公猪患病后，发生睾丸炎和副睾炎。

1. 病原

猪布鲁氏菌是革兰阴性菌，菌体无菌毛不形成芽孢，有毒力的菌株可带菲薄的荚膜。猪布鲁氏菌对热非常敏感，70℃加热10分钟即可死亡。一般常用消毒药能很快将其杀死。

2. 流行特点

病猪及带菌猪是主要传染源，可通过交配、消化道等途径传播；公猪精液中有病原菌，人工授精可引起传染；5月龄以下的猪易感性较低；第一胎母猪发病率高。

3. 临床症状

发生关节炎，多发生在后肢，局部肿大、疼痛，关节囊内液体增多，出现关节僵硬、跛行。母猪的主要症状是流产，少数母猪可发生胎衣不下及引起子宫炎，影响其配种。公猪主要症状是睾丸发炎和副睾发炎。有的病猪睾丸发生萎缩、硬化，失去配种能力。

4. 病理变化

有死胎及木乃伊胎；胎儿胸腹腔有积液，胃、肠黏膜有出血点；胎衣充血、出血和水肿，有的还见坏死灶；母猪子宫黏膜上有多个坏死小结节。公猪睾丸及副睾切开有小坏死灶。

5. 诊断

可作细菌学检查，有条件时可作细菌分离培养。须与猪繁殖和呼吸综合征、细小病毒病、乙型脑炎、钩端螺旋体病、猪伪狂犬病、猪弓形体等区别诊断。

6. 防治

种猪场坚持自繁自养的原则；用猪布鲁氏杆菌 2 号弱毒冻干菌苗进行预防免疫，最好在配种前 1~2 个月进行，免疫期为 1 年；加强管理。

(十) 猪附红细胞体病

猪附红细胞体病是一种由立克次氏体所引起的所有猪只都可被感染的疾病，主要症状是发热、红皮、贫血、呼吸困难、妊娠母猪流产等。

1. 病原

猪附红细胞体，属立克次氏体目无浆体科无浆体属，通常呈环形，部分附着于红细胞表面，部分可游离于血浆中。猪附红细胞体对干燥和化学药物比较敏感，一般常用浓度的消毒药在几分钟内即可使其死亡，但在低温冷冻条件下可存活数年之久。

2. 流行特点

吸血昆虫（虱）和外寄生虫（疥螨虫）可引起传染；注射针头、剪耳号和去势的工具的血液污染而发生机械性传播；在胎儿发育期间，可经感染的母猪而发生感染。

3. 临床症状

怀孕母猪：流产，不发情或配种后返情率很高，皮肤毛色黄染或苍白。

分娩母猪和仔猪：延期分娩，分娩后发烧、乳房炎和缺乳。出生仔猪贫血，有"胖子外观"，皮肤苍白。仔猪在出生时剪脐带、剪耳号和剪尾时流血时间延长。

生长育肥猪：断奶后，猪只易下痢。尿呈黄褐色。皮肤毛色黄染或苍白，黄疸，贫血。

4. 病理变化

贫血、黄疸是该病的特征。皮下脂肪黄疸、黏膜苍白，皮下组织水肿，多数有胸水和腹水心包积液；肝肿大呈土黄色，表面有黄色条纹状或灰白色坏死灶；脾脏肿大变软，呈暗黑色，边缘柔软易脆；肾肿大而有积液，膀胱里充满尿液，膀胱壁上有出血点；肠系膜黄疸，肠内有大量凝血块；淋巴结肿大，腹沟淋巴结肿大明显。

5. 诊断

根据出生仔猪贫血的病例，分娩仔猪死亡或体弱，分娩后母猪不吃饲料并发烧，发情失败，重复配种，仔猪生长速度慢和母猪咀嚼及磨牙齿都可怀疑是猪附红细胞体病，必须做血液试验处理。

6. 防治

（1）预防。①消灭寄生虫。可以给整个猪群饲料中拌服伊维菌素，每次连喂 5~7 天，每年饲喂 3~4 次。②用具更换与消毒。清洁和消毒剪耳钳子、剪尾器具（若使用剪猪嘴电器则不需要消毒）和去势的刀片。窝仔猪之间的上述工作要经过消毒用具。

（2）治疗。①在母猪饲料中添加适量的阿散酸。怀孕后备母猪在整个怀孕期，添加阿散酸 200 克／吨。使用阿散酸可降低或除去生出贫血仔猪的发生率和治疗母猪发烧（体温超过 40℃）的次数及改善受胎率。②对出生时贫血的仔猪，可在颈部肌肉注射土霉素（得米先）每千克体重 11 毫克，连续 2~3 天。另外，出生时在颈部肌肉注射铁剂 2 毫升（含 200 毫克铁），过 7~14 天再注射 1 次。分开剂量在颈部

的两边各注射1毫升。③保育猪和生长猪被感染（生长差、皮毛粗、苍白的），可在饲料中加阿散酸100~125克/吨处理。④母猪在分娩后有此病时（实验室诊断）会发烧超过40℃，不吃饲料并且不泌乳，必须用土霉素（得米先）注射处理，每千克体重11毫克，连续3天。

四、猪常见的寄生虫病

（一）猪疥螨

1. 病原

猪疥螨是一种接触传染的寄生虫病，寄生于猪表皮深层。

2. 临床症状

病猪患部极痒，在栏杆等处摩擦，1周后皮肤出现如针头大小的红色血疹，并形成脓疱，久之产生破溃结痂、干枯、龟裂，严重的可致死，多数表现发育不良。

3. 防治

猪舍应保持清洁、卫生、干燥、通风。可用5%火碱水消毒或用火焰喷灯焚烧地面及墙壁。防止引进病猪。现有病猪可用肥皂水彻底洗刷患部，再用0.5%~0.1%敌百虫涂擦或喷洒患部，每周1次，连用2~3次；也可用5毫升/千克溴氰菊酯溶液喷淋，每头猪用药液3升，5天1次，连用2~3次。比较可靠的广谱驱虫药阿维菌素（或伊维菌素）按猪每千克体重0.3毫克颈部皮下注射，间隔5~7天再用1次，多数可治愈。

（二）猪蛔虫病

1. 病原

猪蛔虫病由蛔虫寄居引起。

2. 临床症状

成虫寄生时表现消瘦、贫血、生长缓慢；蛔虫数量较多时，引起肠梗阻和肠穿孔，出现相应的症状。有的蛔虫进入胆管，造成胆道蛔虫病，引起黄疸和腹痛症状。幼虫移行至肺时引起蛔虫性肺炎，临床表现咳嗽、呼吸增快、体温升高、食欲减退和精神沉郁。

3. 防治

搞好猪舍和运动场的清洁卫生与消毒，粪便与垫草应堆积发酵。定期预防性驱虫，用左旋咪唑按每千克体重8毫克混入料中喂服，或配成5%溶液进行皮下或肌肉注射。也可用丙硫苯咪唑按每千克体重10毫克混于饲料中1次喂服。

（三）弓形虫病

1. 病原

弓形虫病因弓形虫在猪体内寄居引发。

2. 临床症状

病猪精神沉郁，食欲减退、废绝，尿黄便干，体温呈稽留热（40.5～42℃），呼吸困难，呈腹式呼吸，到后期病猪耳部、腹下、四肢可见发绀。

3. 防治

猪场应禁止养猫，严格灭鼠。病猪可用磺胺嘧啶加甲氧苄胺嘧啶治疗，按体重剂量为70毫克/千克，每天2次口服，连用3~4天。也可用复方新诺明，剂量为60克/100千克，拌料饲喂。病猪场和疫点按体重用磺胺-6-甲氧嘧啶80毫克/千克口服，连用7天，可防止弓形虫感染。

五、猪常见的营养代谢病与中毒病

（一）钙、磷缺乏

由于饲料中钙、磷不足，或二者比例不当，或维生素D缺乏从而引起机体钙、磷缺乏，使小猪发生佝偻病，成年猪发生骨软症的代谢病。

1. 病因

饲料中钙和磷的含量不足，不能满足动物生长发育、妊娠、泌乳等对钙、磷的需要；由于饲料中钙、磷的比例不当，影响钙、磷的正常吸收。一般认为饲料中钙、磷比以（2∶1）~（1.5∶1）较适宜；机体存在影响钙、磷吸收的其他因素，如饲料中碱过多或胃酸缺乏时使肠道 pH 升高，或饲料中含过多的植酸、草酸、鞣酸、脂肪酸等使钙变为不溶性钙盐等；机体缺乏维生素 D 或因肝、肾病变及甲状旁腺素分泌减少，直接影响钙的主动吸收及磷的吸收。

2. 临床症状与病理变化

早期食欲不振、精神沉郁、消化紊乱、不愿站立，以后生长发育迟缓、异嗜癖、跛行及骨骼变形。眼观面部、躯干和四肢骨骼变形，肢关节增大，肋骨与肋软骨间及肋骨头与胸椎间有球形扩大，软骨骨钙化障碍时，骨骼软骨过度增生。成年猪的骨软症多见于母猪，初表现异食为主的消化机能紊乱，后主要是表现运动障碍。眼观跛行，骨骼变形，表现上颌骨肿胀，骨干部质地柔软易折断，增厚变形，牙齿松动、脱落。甲状旁腺常肿大，弥漫性增生。

3. 诊断

根据动物发病的年龄、胎次，饲料配方以及临床症状是否有骨骼、关节异常，异食癖等可做出诊断。另外，还可以结合补充钙、磷和维生素制剂后的治疗效果帮助诊断。

4. 防治

佝偻病：加强护理，调整日粮组成，补充维生素 D 和钙、磷，适当运动，多晒太阳。有效的药物制剂：鱼肝油、浓缩鱼肝油；维生素 D 胶性钙注射液、维生素 AD 注射液、维生素 D_3 注射液。常用钙剂有蛋壳粉、牡蛎粉、骨粉、碳酸钙、乳酸钙、10% 葡萄糖酸钙溶液、10% 氯化钙注射液、鱼粉。

骨软症：调整日粮组成。在骨软病流行地区，增喂麦麸、米糠、豆饼等富含磷的饲料。补充磷制剂如骨粉，配合应用 20% 磷酸二氢钠溶液，或 3% 次磷酸钙溶液，或磷酸二氢钠粉。

（二）维生素 E 缺乏

维生素 E 缺乏是由于体内维生素 E 缺乏或不足所引起的一种营养代谢病。可发生于各种猪，尤以仔猪多发，且常与硒缺乏症并发。

1. 病因

维生素 E 化学性质不稳定，易被各种因素氧化，当饲料品质不良、加工不当和贮存不好时，使维生素 E 被氧化，造成饲料中含量不足。另外，饲料中酸败的脂类（包括陈旧、变质的动植物油或鱼肝油）以及霉变的饲料、变质的鱼粉等，均可使体内产生大量过氧化物，使机体对维生素 E 的需要量增加。此外，饲料中含大量维生素 E 拮抗物质或微量元素缺乏等均可引发本病。

2. 临床症状与病理变化

维生素 E 缺乏主要造成血管机能障碍，神经机能失调，种猪繁殖障碍。病猪表现血管通透性增大，引起血液外渗透。病猪表现抽搐、痉挛、麻痹等神经症状。公猪睾丸变性、精子生成障碍，母猪卵巢萎缩、发情异常、不孕、受胎率下降、流产、泌乳停止等。仔猪主要呈现营养不良，新生仔猪体弱，突然死亡。

3. 诊断

根据病史调查、临床症状及病理变化，尤其是治疗效果的观察，可以做出诊断。还可结合饲料、组织中维生素 E 和硒的含量测定进行确诊。

4. 防治

预防：由于维生素 E 在饲料中很容易被氧化破坏，因此在日粮中要添加足够的量，保证满足生长发育的需要。母猪在产前整个月和仔猪出生后，要应用维生素 E 制剂或维生素 E 预防注射。

治疗：主要应用维生素 E 制剂。醋酸生育酚，仔猪 0.1~0.5 克/头，皮下或肌肉注射，每天或隔日 1 次，连用 10~14 天。维生素 E，仔猪每千克饲料 10~15 毫克，拌料。最好配合使用硒制剂，使用方法参考硒缺乏的防治。

第七章 猪场安全用电

一、室外布线

(1) 电线杆不应架设在基础不牢的地方，线杆应架设在猪舍蓄水池或水沟旁边。

(2) 外线进猪舍时应有护套，严防雨水从外线流入猪舍总开关。

(3) 线路的相线要求选择黄色、绿色、红色与变压器低压侧相序颜色统一。

(4) 导线截面 50 毫米^2 及以下的线路，零线采用同相线一个线级；导线截面 50 毫米^2 以上的线路，零线采用低于相线一个线级。

(5) 导线连接应用压线钳穿套管压接。

(6) 接头、导线绝缘损伤点应用耐气候型的自黏性橡胶带，至少缠绕 5 层作绝缘。

二、室内布线及设备安装

(1) 室内布线不能使用裸线和绝缘不符合要求的电线，电线的截面积必须有足够的容量，必须与负载容量配合，否则电线过热容易烧坏绝缘，导致火灾及其他危险。

(2) 电器设备必须绝缘良好，不破损，当发现闸刀、开关、熔断器、插头、插座有破损时，应及时更换。

(3) 室内导线最好选用阻燃处理材料制成的 PVC 管穿套，PVC 管不应铺设在高温和易受机械损伤的地方。

(4) 断路器与熔断器配合使用时，大熔断器应尽可能装在子断路器之前，以保证使用安全。电器设备的熔丝大小要看电器设备过流量来定，不能配得过大，更不能用其他金属随意作为保险丝使用。

(5) 配电及各种运行的电器设备的外壳、开关和连接金属体均应安装地线或接零线，当绝缘层被破坏时，能及时断开用电器电源或使漏电流流入大地，使电器设备的金属外壳与大地保持同电位，使人触击外壳时不会发生危险。

(6) 猪舍内应放置四氯化碳灭火器，万一发生电器设备漏电引起燃烧时应立即断开电源，用黄沙、四氯化碳灭火器扑灭，切勿用水或酸碱泡沫灭火器灭火。

（7）临时使用的导线要用绝缘电线，禁止使用裸导线，临时线悬挂要牢固，不得随地乱拖，拆除临时线时应先切断电源，从电源一端拆向负载。

三、水电设备的使用

1. 开关照明

（1）照明灯等控制开关应接在相线（火线）上，照明灯不能用大功率灯泡（特别是安装在天花板底下），以免灯泡产生高温，使灯座变软、电线绝缘层烧熔而发生短路事故。

（2）开关接触面一定要平整、干爽，以免发生缺相、漏电而损坏电器设备和人身触电事故（特别是高压清洗机开关），定期清除断路器、熔器开关、漏电开关上的积尘和检查各种脱扣器的动作值（定期按试验按钮）。

2. 插座的使用

（1）生产线插座仍有清洗消毒机专用、风扇专用及保温灯专用等种类，不管何种插座在插插头时均要求插稳，以免造成接触不良而损坏电器设备。如有必要拔下插头时，必须用一手按住插座，用另一手拔插头，以免造成插座松动。

（2）要尽可能保持插座干爽，尤其是冲栏清洁时不能对着插座喷水，以免造成短路或漏电，最好在冲栏前用薄膜包盖好。

（3）电源插座均应有一根接地导线。

3. 风扇的使用

（1）风扇插座一定要插牢固，以免缺相烧坏风扇电机，如要关风扇时，应使用风扇总开关。

（2）电源有故障时应关总开关，个别风扇有故障时应拔插头。

（3）保持风扇机头干爽，切忌冲栏、消毒时对着机头喷水。

（4）冬、春季节停用风扇时，应擦干净风扇，并用薄膜包好。

（5）风扇摆头转动器要定时加润滑油，防止齿轮卡死。

4. 喷雾、清洗消毒机的使用

（1）喷雾消毒机使用前先加油，平时要经常检查油位，机油不够时要及时添加，加油时不准超过油位线。

（2）喷雾消毒机的压力已经由水电人员调试好，任何人未经允许不得乱调，以免弹簧引力过大而冲坏调压器和扭断曲轴。

5. 清水泵的使用

（1）清水泵开泵时先开水闸再开电源，关泵时要先关电源再关水闸，以免负荷过大影响水泵寿命。

（2）冲栏时应避免打湿水泵，防止发生短路。

（3）清水泵如不能启动和有异味发出时，是电机漆包线绝缘层损坏或线圈、转轴严重受潮，降低了绝缘性能，通电时被电压击穿短路所致。发生此故障时应立即停止使用水泵，通知水电工检修。

6. 保温灯的使用

（1）保温灯每天应看室温变化来关灯一段时间，以延长使用寿命。

（2）冲栏、消毒时应先关灯10分钟后再冲栏，以免水珠飞溅到灯泡上，使灯泡爆裂。

（3）根据仔猪大小来调节保温灯高度，以防仔猪打架时打烂灯泡。

（4）保温灯头、电线绝缘胶似有熔化、烧焦的情况时，应及时更换。保温灯电源线清洁、消毒后要待干爽后才能使用。

7. 风机、水帘的使用

（1）风机一般在夏、秋季节使用，若冬季在封闭猪舍考虑到通风需要时，可适当开风机通风。

（2）夏、秋季节使用时，当温度下降到25℃以下时，只可使用1台风机。

（3）使用多台风机时，风机不能频繁启动，以免交流接触器线圈短路，烧坏电机。

（4）水帘在冬、春季节要保持干燥，当季节温度下降到25℃以下时，可关掉水帘。

（5）水帘的水滤器、蓄水池应尽量定期清洗，以免阻塞。

四、发电机组的使用

1. 启动

（1）启动前查看机油、燃油是否供应正常。

（2）用手动机油泵泵上机油至有机油从柴油机上流出到储油箱中，并保持1分钟。

（3）用手动转动曲轴运转5转。

（4）卸下负载，启动前须空载启动。

（5）调节调速器操纵手柄至700转/分钟左右，用手启动空气阀门，待柴油机一启动后立即关闭启动空气阀门，在此情况下空转3分钟。

2. 运转

（1）观察正常后再加速，加速是要逐步地加，不能突加突减。

（2）观察运行中的机组有无异常情况，如有无异响声，有无剧烈震动，有无漏水、漏油、漏气、漏电现象，有无火花、焦味，仪表是否指示正常、排气是否正常。如有白烟、蓝烟、黑烟为不正常。三相是否平衡，各电流差不能超过20%。如发现异常，应停机检查。

（3）最大负载电流不能超过额定电流，最低使用负载电流不得低于机组额定负载的50%。

（4）水温在75~80℃，机油温度在50~90℃，机油压力高于0.25兆帕，方可进入全负荷运行。

（5）进入负荷运行时，要从小负荷到大负荷逐个地进入，既先从最小的负载开关合上，调节到供电至正常后再合上第二个负载开关，如此操作下去。

3. 停机

（1）停机前须先卸下负载，步骤与进入负载时一样，即先卸小负载的开关，调节到供电至正常后再卸第二个负载开关。

（2）待卸完全部负载后，逐步调节转速至 750 转 / 分钟左右，空转 3~5 分钟后再停机。

（3）停机后对使用情况进行登记。非特殊情况不得突然停机。

五、电器设备的检修

（1）检修电器设备时尽可能不带电进行，如必须带电操作，则应严格按照带电操作规程，带电作业必须穿戴合格的绝缘服，使用绝缘工具，并有专人监视，采取必要的安全措施，并与其他带电设备保持一定的安全距离。

（2）在检修电器设备前，应先用试电笔测试是否带电，确认无电后方可工作，为防止电路中突然来电，应拉下闸刀开关然后才开始工作。如电路修理时维修人员离总开关较远，则应在打下的总开关上挂上"正在维修，请勿打闸"的字样，以免有人误打上闸刀而发生事故。

（3）有安装避雷针的，避雷接地线在雷雨季节到来之前要进行测试，接地电阻应小于 45 欧姆。

（4）水电设备由场水电工专人负责，水电工要勤检查线路、电器设备，杜绝一切事故发生。

（5）员工在使用电器设备过程中应爱惜设备，雷暴天气尽量减少电器设备的使用，以防雷击。若有发现违规操作破坏电器设备时，应严肃处理。